the four seasons of shakers cafe

Shakers Café 四季特調飲品

109 杯人氣咖啡館獨創飲料大公開

瑞昇文化

CONTENTS

閱讀本書前的注意事項

● 本書由兩部分構成，一是進口、販售咖啡相關飲品的「Toyo Beverage公司」經營的「Shakers cafe lounge」餐廳提供的「獨創飲品」，以及Toyo Beverage公司拍攝的照片和旭屋出版重新拍攝的照片等。

● 彩頁中，分別以春、夏、秋、冬四個季節來介紹飲品，書末附有各飲品的材料和作法說明。關於食譜的註記，請參考該頁。有關食譜的內容、分量，完全採用該店的內容。

● 關於彩頁的飲品，分別以●凍飲●茶飲●熱飲●冰飲●咖啡●雞尾酒等圖案標示，用以表示該飲品的種類。

凍飲　茶飲　熱飲　冰飲　咖啡　雞尾酒

● 書中介紹的飲品為季節商品，因此也包含換季後即無販售，以及已經售完的商品。

● 飲品中使用的調味糖漿、茶粉、卡布慶冰沙粉，於P.84～P.85附有詳細說明，讀者可洽飲品原料商詢問或上網查詢訂購。

春季飲品

春天是莓果代表草莓的產季。
本章節中將介紹如何在凍飲、熱飲和冰飲中，
巧妙運用草莓的方法。
草莓能使飲品外觀更華麗，散發春天的氣息，
是春季可隨時取用的素材。

001
美麗漂浮莓果

這是一杯專為女性量身打造的豪華飲品,手工製作的覆盆子果凍口感滑潤順口。以蘇打水稀釋清新爽口的鮮奶,與綜合莓果冰淇淋展現絕佳的平衡口感。

冰飲

002
義式咖啡WARABI

在冰茶中還藏有義式咖啡風味的日式涼凍。這是結合西式與日式的新穎時尚飲品。

冰飲　咖啡

003
香滑起司思慕昔（smoothie）

這是使用大量奶油乳酪，用喝的起司蛋糕。其配方是由資深的甜點師創作而成，甜味與酸味完美平衡，是Shakers餐廳的第一暢銷的飲品。

凍飲

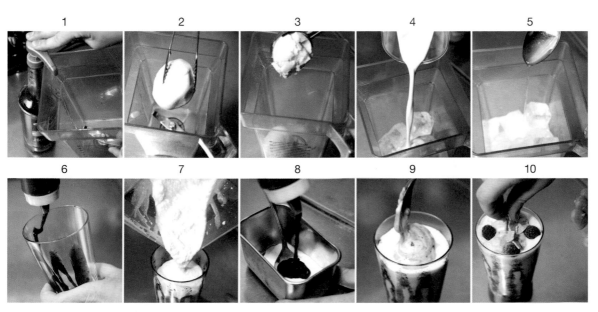

在果汁杯中，依序放入特朗尼蜂蜜香草糖漿、奶油乳酪、冰淇淋、冰塊、鮮奶油、鮮奶和檸檬汁，放到果汁機座上攪打。在杯子內側，用特朗尼綜合莓果泥，如畫圖般上、下淋畫出花樣，倒入以果汁機打好的思慕昔至八分滿程度。在優格混入綜合莓果泥，舀入玻璃杯中，再裝飾上冷凍覆盆子、白巧克力酥片和薄荷葉。

004
橘香咖啡

這是散發柳橙和肉桂風味的時尚咖啡拿鐵。巧克力醬使飲品的
風味更豐富華美。

熱飲　咖啡

1

2

3

4

5

在溫熱的杯中倒入特朗尼橘
子糖漿和特朗尼巧克力摩卡
醬汁。萃取義式咖啡。先用
磨豆機磨碎咖啡豆，裝入濾
杯中，裝至咖啡機上，單人
份1小杯萃取量為25ml。豆
子種類、狀態、萃取液的顏
色和分量，每次都要仔細檢
查。

6

7

8

9

在2的熱杯中，倒入萃取出
的義式咖啡，充分攪拌混
合，一面倒入用蒸氣打發的
奶泡，一面畫出花樣。

10

11

12

13

14

再放上適度發泡的發泡鮮奶
油，繞圈淋少許蜂蜜，撒上
肉桂粉，裝飾上開心果碎粒
和肉桂棒。

005
紅鶴冰沙

這杯略呈粉紅色的飲品，創作的靈感來自紅鶴的站姿。是能讓人聯想到蛋糕的可愛風味拿鐵冰咖啡。

冰飲　咖啡

在玻璃杯中，先放入特朗尼覆盆子糖漿。在果汁杯中，放入特朗尼覆盆子糖漿、特朗尼起司蛋糕糖漿和特朗尼提拉米蘇糖漿，將其混合，再加入冰塊、鮮奶油和鮮奶，放在果汁機座上攪打40秒。倒入之前的玻璃杯中至八分滿程度，舀入奶泡成裝滿杯子，在奶泡中央，慢慢的倒入義式咖啡。如圖所示般，在杯上橫放3根攪拌棒，撒上可可粉後拿掉攪拌棒。

006
細綿草莓摩卡

這杯飲品上，覆蓋著以覆盆子糖漿增添風味，如天使翅膀般輕柔細綿的發泡鮮奶油。這是組合草莓和白巧克力的可愛摩卡咖啡。

咖啡　熱飲

1　　　2　　　3

4　　　5　　　6

在熱杯中倒入特朗尼草莓糖漿和特朗尼白巧克力摩卡醬汁，再倒入萃取出的義式咖啡，充分攪拌混合。杯子一面斜拿，一面慢慢的在杯中倒滿奶泡，從杯子邊緣開始裝飾上特朗尼覆盆子糖漿和發泡鮮奶油混合成的覆盆子發泡鮮奶油，最後裝飾上草莓片，撒上銀糖珠即完成。

007
愛的草莓摩卡

草莓和巧克力，是讓人難以忘懷的熱戀滋味。
傳遞熱情的冰摩卡，適合戀愛中的你。

凍飲　咖啡

008
草莓冰淇淋摩卡

這是草莓季節時，請千萬別錯過的佳作。是善
用草莓奶凍和冰淇淋，如冰淇淋般豪華的摩卡
咖啡。

冰飲　咖啡

009
煉乳草莓的阿法奇朵

手工草莓冰淇淋上，淋上煉乳和義式咖啡。適合已經成年及希望趕快成年的你。

咖啡

010
奶油蛋糕拿鐵

不愧為草莓奶油蛋糕咖啡。它是春季限定的冰拿鐵。

凍飲

咖啡

011
草莓奶茶

在柔和、香甜的大衛里歐大象香草茶中,還用草莓增添重點風味。遭逢春寒花稀,讓人不時想要喝杯熱飲。

茶飲　熱飲

012
糖果屋

冰淇淋上還有巧克力和麻糬。這杯飲品的外觀,簡直就像「糖果屋」童話故事般充分歡樂感。主人翁漢賽爾與葛麗特彷彿會從屋裡走出來呢。

凍飲　咖啡

013
冷凍莓果優格

春天是莓果的產季。這是一杯能享受到各式莓果滋味的優格凍飲。

凍飲

014
綜合莓果酸奶昔

在藏有椰果的綜合莓果思慕昔（smoothie）中，倒入蘇打水，再放入優格，混合後就成為酸奶昔飲品。

冰飲

015
阿法奇朵焦糖咖啡

這是善用石榴糖漿的成人風味焦糖阿法奇
朵。飲品外觀也呈現較成熟性感的風格。

咖啡

016
芳香卡布奇諾咖啡

飲品中使用3種糖漿，展現出複雜的甜味。其中加入雙份義式咖啡，即成為濃郁的冰卡布奇諾咖啡。

冰飲　咖啡

017
繡球花

這杯思慕昔具有如雨露濡濕般的繡球花的美麗顏色。上面裝飾的鮮麗水果，能為寂寥的雨天帶來歡樂的氣息。

凍飲

018
紫蘿蘭

飲品呈現泛紫的紫蘿蘭色。材料中不只有冰淇淋，還加入優格，因此比繡球花（P.17）喝起來更清爽順口。

凍飲

019
異國風櫻桃蘇打

這是以櫻桃和肉桂調製的異國風味蘇打飲品。
美麗的色澤充滿南國海濱夕陽般的異國風情。
讓人對即將來到的夏季期待不已。

冰飲

020
奇異果優格

奇異果思慕昔中，還加入草莓糖漿和優格，
是能享受到格蘭諾拉穀物棒口感的健康冰
飲。維他命C和優格兼具美膚效果！

凍飲

021
歡樂彩虹

手工製作的藍色覆盆子果凍和彩虹雪貝（sherbet），組合成這杯色彩鮮麗的蘇打飲品。度過鬱悶的梅雨季，正需要這樣的快樂元氣。

冰飲

先介紹彩虹雪貝的作法。在果汁杯中放入葡萄柚雪貝，再倒入特朗尼西瓜糖漿，放在果汁機座上攪打後，倒入淺鋼盤中，刮平表面，放入冷凍庫冷凍。同樣的，將葡萄柚雪貝分別和特朗尼芒果糖漿、特朗尼藍色覆盆子混合，製作成雪貝。在葡萄酒杯中，放入特朗尼芒果糖漿、特朗尼百香果糖漿和冰塊，倒入蘇打水，搗碎藍色覆盆子果凍，讓它沉入蘇打水中，放上彩虹雪貝，再裝飾上檸檬片和薄荷葉。

1   2   3   4

5   6   7

增進飲品魅力的
杏仁瓦片酥和酥片

杏仁瓦片酥

■材料
奶油　150g
白砂糖　500g
熱水　200g
杏仁粉　150g
低筋麵粉　250g

■作法
1 混合杏仁粉和低筋麵粉一起過篩。（圖1、2）
2 在鋼盆中放入奶油、白砂糖和熱水，混合變得細
　滑為止。（圖3、4、5）
3 在2中混入1，將混合好的麵團放在烹飪墊上，
　延展成厚2mm。（圖6、7、8、9）
4 放入170℃的烤箱中，約烤15～20分鐘。

※上述的材料，約可烤製50×30cm的杏仁瓦片酥
　約7片。烤出的瓦片酥分切小塊後使用。
※芝麻杏仁瓦片酥是將黑、白芝麻各半量組合，
　在步驟3之後，撒滿在麵團上。
※帕梅善起司杏仁瓦片酥，是在步驟3完成後，將
　帕梅善起司撒滿在麵團上。

巧克力杏仁瓦片酥

■作法
1 將調溫巧克力隔水加熱煮融，薄鋪在烹飪墊上。
2 放入冷凍庫冷凍讓它凝固。

　　常用來裝飾蛋糕等的杏仁瓦片酥和酥片，能使作為甜點的飲品更添魅力。在法語中杏仁瓦片酥（tuile）是指外觀如瓦片般的淺烘焙甜點。本書中介紹的飲品中，從原味杏仁瓦片酥到撒上芝麻、起司，以及加入巧克力製作等，口味十分多樣化。

　　酥片也是用餅乾麵團製作薄片狀，口感十分酥脆，尤其和巧克力十分對味。建議不妨多花點工夫製作，將它們運用在飲品中。

裹覆白巧克力的酥片

■材料
酥片　80g
白巧克力　175g

■作法
1 白巧克力隔水加熱煮融。（圖1、2）
2 將1和酥片混合，攤放在烹飪墊的上面。
　（圖3、4）
3 在2的上面蓋上烹飪墊，用撖麵棍撖薄。
　（圖5、6）
4 放入冷凍庫中冷凍凝固。（圖7）

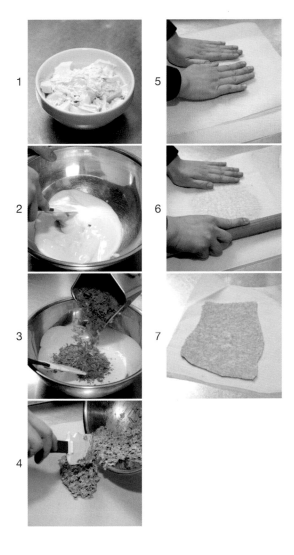

夏季飲品

夏天的飲品具有清爽的口感和清涼的色彩。

運用思慕昔和糖漿，

可製作出多樣豐富的風味。

本章節還將介紹熱帶雞尾酒飲品。

022
新鮮薄荷水果冰沙

這杯新鮮薄荷冰沙是在能刺激味蕾的水果冰沙中,加入番石榴櫻桃果凍和薄荷果凍。色彩繽紛的水果丁,讓飲品好似珠寶盒一般。

凍飲

023
豆腐思慕昔

竟然以豆腐製作思慕昔！令人驚奇的醬油巧克力醬
更加突顯美味。瞬間覺得能嚐到這麼特別的飲品實
在太棒了！務必也請你品嚐一下。

凍飲

024
抹茶水果冰沙

橙橘色冰沙與抹茶冰淇淋的鮮麗綠色形成強烈的對
比。飲品看似胡蘿蔔汁，但事實上其中還加入大量
水果，是一杯爽口怡人的健康飲品。

凍飲

025
桃子優格思慕昔

這是風味柔和的桃子優格思慕昔。使用覆盆子糖漿，使飲品呈現漂亮的粉紅色。

凍飲

026
和風珍珠思慕昔

這杯飲品中集合了大家喜愛的紅豆牛奶！同時還能享受珍珠粉圓Q韌彈牙的口感，絕對讓人感到無限滿足！

凍飲

027
桃子烏醋冰沙

這是揉合豆奶、優格和烏醋的健康取向的飲品。烏醋清爽的酸味組合桃子果凍的柔和甜味，讓人感覺非常美好。

凍飲

028
蜂蜜香蕉冰沙

這是焦糖風味的香蕉冰沙。果汁機中因為放入巧克力錠一起攪打，所以能喝到巧克力沙沙的口感，這也成為飲品的重點特色。放在上面的棉花糖，是內藏的另一項美味。

凍飲

029
薄荷珍珠奶茶

這杯奶茶中加入富嚼感的人氣珍珠粉圓，並活用
薄荷豪華變身。再加上薄荷冰淇淋，讓它成為散
發夏季風情、清爽的茶品。

冰飲　茶飲

030
清涼薄荷火花

以葡萄柚汁為底材,加入薄荷和萊姆,組合成這杯風味刺激的蘇打飲品。它是專為成人設計的夏季蘇打。

冰飲

在玻璃杯底放入薄荷葉,加入特朗尼薄荷糖漿和特朗尼萊姆糖漿,以湯匙輕敲材料使其散發香味。放入冰塊,倒入100%葡萄柚汁和蘇打水,用冰淇淋勺舀取鳳梨冰沙放在飲品上,最後再裝飾上萊姆片和薄荷葉。

031
水果風味番茄汁

番茄汁和柳橙汁形成十分美麗的層次,是一杯
清涼爽口的夏季飲品。葡萄柚冰沙兼具整合風
味的作用。

冰飲

在玻璃杯中混合特朗尼芒果、桃子
和西瓜糖漿,放入冰塊。再倒入等
量的番茄汁、100%柳橙汁,讓它
形成兩個層次。用冰淇淋勺舀取葡
萄柚冰沙放在飲品上,最後裝飾上
薄荷葉。

032
柳橙優格思慕昔

這杯柳橙思慕昔上，放著以2種柳橙糖漿製作的柳橙果凍和優格。柳橙果醬的淡淡苦味是本款飲品的重要特色。

凍飲

033
香濃芒果布丁思慕昔

這杯飲品猶如用喝的芒果布丁。散發芒果濃郁的甜味，是為了喜好芒果者設計的作品。

凍飲

034
香濃芒果汁

飲品中因為加了柳橙汁和鳳梨汁,使單喝具有濃
稠口感的芒果汁,變得清爽香甜、順口好喝。

冰飲

035
漂浮綜合冰茶

在含有橘肉的冰紅茶中,運用3種水果糖漿增添
風味。和香草冰淇淋和焦糖醬汁,完成三位一體
的完美風味。

茶飲　冰飲

036
果凍桃子茶

在桃子果凍和葡萄糖漿中，倒入無糖桃子茶即完成。趁著手工檸檬冰沙一面溶化，一面飲用，能嚐到更複雜多變的風味。

茶飲　冰飲

037
美人紅果茶

這杯飲品的外觀呈現艷麗的紅色。飲品本身就像位美女。使用富含維他命C的香草茶和食用花，深受具敏銳美感的女性們的注目！

茶飲　冰飲

038
島嶼冰茶蘇打

充滿熱帶氣息的調味冰紅茶，以蘇打
水稀釋，就完成這杯清爽的飲品。它
是一杯讓人暑氣全消的冷飲。

茶飲　冰飲

039
綜合水果茶

玻璃杯中塗上藍莓果醬，使飲品的顏色與味道更富變化。這是一杯石榴糖漿風味鮮明的冰茶飲。

 茶飲　 冰飲

| 1 | 2 | 3 | 4 |
| 5 | 6 | 7 | |

在玻璃杯內側上、下如繪圖般塗抹上藍莓果醬，放入特朗尼石榴糖漿和冰塊。加入罐頭橘子和切好的草莓，倒入冰茶（無糖）後，再裝飾上薄荷葉。

040
蜂蜜檸檬冰沙

在殘留顆粒感的冰沙中，倒入薑汁汽水，裝飾上切好的水果，是一杯適合在燠暑季節享用的清爽飲品。

凍飲

041
熱帶椰子拿鐵

這杯加了椰奶凍的拿鐵，是專為喜愛椰子風味的人所設計。餅乾＆冰淇淋依然是最佳拍檔。

冰飲　咖啡

042
水嫩桃子冰沙

香草冰淇淋中倒入濃稠的桃子冰沙，再裝飾上手作桃子果凍。是一杯能讓人享受到不同口感的飲品。

凍飲

在果汁杯中放入特朗尼櫻桃糖漿、特朗尼桃子糖漿、罐頭白桃、冰塊和桃子汁，以果汁機攪打。用冰淇淋勺舀取香草冰淇淋，放入葡萄酒杯中，將果汁機中的冰沙也倒入杯中，刮平表面，散放上草莓顆粒，再裝飾上已經搗爛，以特朗尼桃子糖漿和吉利丁混合製作的桃子果凍，最後飾以薄荷葉即完成。

043

Happiness☆鳳梨蘇打

外觀明顯散發熱帶的氣息！是一杯能同時享受果凍和冰沙的夏季飲品。裝飾花朵的造型，宛若挽著後髮的南國佳麗。

冰飲

044

巴貝多櫻桃維他命蘇打

這是杯中沉浮著罐頭橘子和椰果的巴貝多櫻桃蘇打。能夠補充夏季日曬後所需的大量維他命C。

冰飲

045
和風梅子蘇打

飲品中放有1顆以蜂蜜醃漬的南高梅。是一杯混合多種柑橘類風味的清爽夏季蘇打飲品。

冰飲

046
粉紅島嶼

使用超人氣的粉紅葡萄柚。柔淡的色彩充滿魅力。還加入冰沙來強調手工飲品的質感。

冰飲

047
芒果酸奶昔

以薑汁汽水將基本的芒果奶昔加以稀釋,就完成這杯充滿夏季風情的飲品。

冰飲

048
Fun! Fun! 蘇打

杯中充滿五彩繽紛的椰果。是一杯宛如玩具箱,洋溢著歡樂的蘇打飲品。

冰飲

41

049
活力水果凍

這是以3種水果凍和4種水果塊組合成的美麗七彩蘇打飲品。享受時的快樂感深獲顧客的好評。

冰飲

050
夏日遊行
（雞尾酒飲品）

這是以西瓜、番石榴等夏季水果糖漿及伏特加酒調合成的凍飲。顏色呈淡粉紅色，讓人感到十分優雅。

雞尾酒

051
特朗尼熱帶凍飲
（雞尾酒飲品）

這是用熱帶水果糖漿和桃子利口酒製作的冷凍飲品。還加入鳳梨汁，喝起來更清爽順口。

雞尾酒

052
橙香芒果凍飲
（雞尾酒飲品）

血橙和芒果彩繪出這杯飲品的美麗色彩，其中使用了龍舌蘭酒。

雞尾酒

053
日落海濱
（雞尾酒飲品）

這杯飲品是以龍舌蘭酒、君度酒和柳橙汁為基材，再揉合數種糖漿，石榴糖漿營造出美麗的晚霞餘暉。

雞尾酒

AUTUMN

秋季飲品

秋天適合享受沉靜、醇厚的飲品。

秋季也是能製作講究飲品的季節。

從拿鐵、阿法奇朵、奶茶等各種飲品，

到妙用綠茶、栗子等和風食材，

本章節將為你完整介紹。

054
秋蜜紅薯拿鐵

這杯秋季冰拿鐵中,使用了鬆軟的紅薯。豪華濃厚的口感,讓人感受到秋季的到來。胡麻杏仁瓦片酥也非常對味。

冰飲　咖啡

055
梨香思慕昔

這是能品味當季水果洋梨的冰沙飲品。裝飾的楓葉展現出秋之氛圍。

凍飲

45

056
無花果洋梨蘇打

這杯風味清爽的蘇打飲品，還能享受到無花果噗滋
噗滋美妙的口感。是一杯色彩對比強烈的美麗飲
品。

冰飲

057
綠茶思慕昔

飲品中加入栗子泥，使抹茶思慕昔更有益健康。

冰飲　茶飲

058
果香奶昔

這杯口感濃稠的奶昔飲品，加入了少量鮮奶油。並利用粉紅葡萄柚糖漿，使奶昔泛出漂亮的粉紅色澤。

冰飲

059
水果豆奶茶

因應健康取向，這杯飲品使用豆奶製作。以芒果茶為基材，再加入數種水果，使得有豆味的豆奶充滿水果風味，變得順口怡人。

茶飲　冰飲

060
細綿綠茶思慕昔

這是以綠茶為基材的茶思慕昔。為調製出香濃的綠茶飲品，從各方面運用綠茶與抹茶。白玉（※）和巧克力是飲品的重點。

（※）白玉：使用白玉粉製成的麻糬糰子。外觀似台式小湯圓，但口感更Q彈滑嫩，放在冰品中也不會變硬。

凍飲　　茶飲

061
甜玉米花鹹焦糖拿鐵

這杯飲品活用深受大眾歡迎的鹹焦糖。焦糖風味和義式咖啡也非常對味。

冰飲　　咖啡

062
紅薯思慕昔

飲品外觀讓人聯想到甜薯塔。這杯飲品嘗試表現裝飾了巧克力與草莓的美味蛋糕。

凍飲

063
微苦栗子拿鐵

這是以栗子澀皮煮和義式咖啡製作，散發淡
淡苦味的秋栗冰拿鐵。成人之秋少不了的微
苦滋味。飲品讓人感受一股秋之風情。

在水果杯中放入特朗尼鹹焦糖糖漿、特朗尼香草糖漿、香草冰淇淋、栗子泥、冰塊和鮮
奶，置於果汁機座上攪打。在玻璃杯中放入栗子甘露煮，倒入義式咖啡，再倒入果汁機
中攪打好的雪泥，擠上發泡鮮奶油，裝飾上栗子澀皮煮。再撒上碎開心果，插上杏仁瓦
片酥，撒上加了烤核桃的可可粉，最後裝飾上薄荷葉。

064
杏仁布丁雪克

若將大家喜愛的杏仁布丁製成飲品,成果就是這杯
美味雪克。讓人享受無限美味與歡樂。

凍飲

065
焦糖冰淇淋摩卡

運用焦糖冰淇淋,讓焦糖摩卡咖啡展現冰淇淋風
格。請你品嚐甜點感覺的飲品。

冰飲　咖啡

066

蜂蜜南瓜思慕昔

風味溫潤的南瓜中,加入蜂蜜香草和烤棉花糖糖
漿增添風味。是一杯味道香郁的秋之冰思慕昔。

凍飲

067

南瓜和風拿鐵

這是以南瓜泥製作滑順可口的和風拿鐵。裡面並
沒有加義式咖啡。擔心咖啡因的人也能在夜晚飲
用。

熱飲

068
南瓜可可

這是南瓜系列飲品之一。蓋在杯上的大片杏仁
瓦片酥,還具有將南瓜可可的芳香與風味鎖在
杯中的作用。

熱飲

069
紫紅薯阿法奇朵

這是用美麗的紫紅薯製作的阿法奇朵。帕梅善
起司杏仁瓦片酥擔任最佳的陪襯角色。

53

070
大理石栗子巧克力

在愛爾蘭奶酒風味的巧克力冰沙中，放上混入栗子泥的發泡鮮奶油。表面用巧克力醬汁描繪出華美的圖飾。這杯飲品不論熱飲、冷飲都十分美味。熱飲請參考栗子巧克力奇諾（p.55）。

冰飲

巧克力冰沙是以雪克杯來製作。在雪克杯中，放入可可粉、特朗尼愛爾蘭奶酒糖漿、特朗尼巧克力摩卡醬汁、冰塊和鮮奶，充分搖晃混合。在玻璃杯中放入新的冰塊，倒入巧克力冰沙，慢慢的放上奶泡。栗子泥中混入發泡鮮奶油，再舀取放在上面，裝飾上栗子澀皮煮，淋上特朗尼巧克力摩卡醬汁，撒上碎開心果，最後裝飾上薄荷葉即完成。

071
栗子巧克力奇諾

這是大理石栗子巧克力（P.54）的熱飲版。
適合喜愛熱飲的朋友。

熱飲

072
秋之阿法奇朵

這是杯有秋天色彩的美麗飲品。以蘋果為主角的
組合，是一杯讓人印象深刻的阿法奇朵。

咖啡

073
柳橙巧克力阿法奇朵

柳橙和巧克力是天生一對的速配好搭檔。這是一杯
巧克力愛好者不喝不可的華麗阿法奇朵。

咖啡

074
番茄巧克力

這是加了番茄濃汁令人驚豔的熱巧克力。馬司卡邦
起司發泡鮮奶油,是將兩種不同個性的食材完美揉
合,卻出人意表的調合出獨特的美味。

熱飲

075
堅果抹茶拿鐵

榛果和夏威夷豆的濃郁風味,將溫潤的和風抹茶拿
鐵,轉變為略呈西式風格。連外觀也變得好似西洋
飲品一般。

熱飲　茶飲

076
綜合堅果拿鐵

以巧克力調味的拿鐵咖啡，還揉合4種堅果風味，滋味更豪華。如同從居家服改變為正式出門服一般。

熱飲　咖啡

在熱杯中放入特朗尼杏仁糖漿、特朗尼巧克力夏威夷豆糖漿、特朗尼榛果糖漿和巧克力摩卡醬，倒入義式咖啡和奶泡。撒上可可粉，使用湯匙如畫圓般輕摩表面，讓可可粉呈現螺旋花樣，再放上發泡鮮奶油，撒上碎開心果，裝飾上薄荷葉。

077
糙米豆奶拿鐵

這是運用糙米胚芽和豆奶,強調健康的拿鐵咖啡。
溫潤、醇靜的甜味,適合夜長的秋季。

熱飲　咖啡

078
黑芝麻摩卡奇諾

這是使用芳香濃郁的黑芝麻摩卡咖啡。香蕉糖漿調
味中,帶有覆盆子巧克力醬汁風味,是一杯令人印
象深刻的飲品。

熱飲　咖啡

079
香料皇家奶茶

正如飲品的名稱，這是一杯散發香料芳香的茶
飲。發泡鮮奶油更添濃郁風味。在寒冷時節，
它能溫暖身體與心靈。

茶飲　熱飲

080
雪克咖啡

這是組合蜂蜜香草和覆盆子的雪克咖啡。濃郁的甜味和義式咖啡的風味，讓人留下深刻的印象。

冰飲　咖啡

在雪克杯中放入白砂糖、特朗尼香草糖漿、特朗尼覆盆子糖漿和萃取出的義式咖啡，輕輕搖晃混合，加入冰塊，再強力搖晃混合。在雞尾酒杯底，放入發泡鮮奶油，倒入混合好的調味咖啡，慢慢的疊放上奶泡，便形成3個層次。撒上可可粉，再插入巧克力棒即完成。

WINTER

冬季飲品

冬季是多節日的季節。
聖誕節、元旦、情人節等，
隨著不同趣味的主題可創作各種飲品。
一杯飲品中要呈現何種意象，
端看咖啡師的功力了。

081
蘋果肉桂奶茶

這是猶如蘋果派般散發肉桂香味的蘋果奶茶。上面的杏仁瓦片酥營造得更具蛋糕感。

茶飲　熱飲

082
Winter水果★綜合果汁

這是呈現深紫色具有冬天意象的綜合果汁。放在上面的優格凍和紫紅薯片，為口感帶來更多的變化。

冰飲

083
櫻桃果凍金橘蘇打

這是一杯冬季清爽蘇打飲品，裡面含有滑溜Q軟、色澤鮮麗的櫻桃果凍。用蜂蜜醃漬、乾燥後的金橘，具有潤喉的作用。

冰飲

084
新鮮柚子薑汁冰沙

這杯飲品使用冬季代表性食材：柚子、臭橙和生薑。並以芒果和百香果糖漿調味。不加開水稀釋，而用蘇打水調和，喝起來才夠味。

冰飲

085
雪人阿法奇朵

重疊兩球冰淇淋,製作成雪人。紅色莓果醬汁能
增進聖誕節的氣氛。

咖啡

086
融化雪人摩卡

杯底鋪入香甜糖漿,再放上冰淇淋。從上倒入熱
茶,用奶泡覆蓋在上面。寒冬時節,融化的冰淇
淋別具美味。

茶飲

087
棉花糖香蕉奇諾

這是以棉花糖和香蕉調製的美味卡布奇諾咖啡,
散發令人懷念的復古風味。

熱飲　咖啡

棉花糖香蕉奇諾

088
烤棉花糖奶茶

在加入棉花糖糖漿的香甜奶茶中，還放上烤棉花糖。逐漸溶化的烤棉花糖的香味深具魅力。

茶飲　熱飲

在熱杯中放入特朗尼烤棉花糖糖漿，倒入紅茶，倒入奶泡，泡沫也一起放入至滿杯。再放上發泡鮮奶油和棉花糖，用瓦斯槍將棉花糖略烤出焦黃顏色，放上碎貓舌餅，最後裝飾上薄荷葉。

089
橙香巧克力摩卡

這是香料風味的熱柳橙巧克力。杯口裝飾成白雪
的咖啡粉及淋在上面的黑胡椒，風味較刺激，是
一杯適合成人的飲品。

熱飲

橙香巧克力摩卡

這是香料風味的熱柳橙巧克力。杯口裝飾成白雪
的咖啡粉及淋在上面的黑胡椒，風味較刺激，是
一杯適合成人的飲品。

090
蜂蜜焦糖茶

運用卡布慶焦糖糖漿粉，讓人享受更
濃厚的焦糖風味。是一杯非常濃郁的
高級焦糖茶。

茶飲　熱飲

先在杯口沾上混合的白雪裝飾。準備盛裝特朗尼焦糖糖漿的杯碟，以及盛裝咖啡粉和白
砂糖的杯碟，將熱杯的杯口沾上焦糖糖漿後，再沾取混合好的咖啡粉和白砂糖。在杯中
倒入特朗尼肉桂糖漿和卡布慶焦糖粉，攪拌混合，倒入紅茶，上面鋪滿奶泡。然後再放
上發泡鮮奶油，淋上少量蜂蜜，散放上粉紅胡椒、碎開心果，再裝飾上薄荷葉。

091
覆盆子咖啡巧克力

覆盆子和巧克力超級速配。再組合上成人的巧克力
義式咖啡，就完成這杯飲品。

熱飲　咖啡

092
雪降草莓巧克力

這是使用白巧克力的草莓巧克力飲品。以蔓越莓糖
漿調味，讓人聯想到雪天的景致。

熱飲　咖啡

093
草莓紅豆拿鐵

香甜的拿鐵中，以白玉和紅豆裝飾成紅豆年糕的感覺。是一杯散發新年氣氛、讓人感到愉悅的熱飲。

熱飲　咖啡

094
抹茶薄荷拿鐵

這杯抹茶拿鐵散發薄荷巧克力的新風味，讓人一喝上癮。

熱飲　咖啡

095
香蕉豆粉拿鐵

這杯是黃豆粉和義式咖啡出人意表的組合。並運用
香蕉，成為讓人更容易親近與喜愛的風味。

096
黑蜜抹茶拿鐵

這是活用黑蜜和抹茶，增加和風特色的摩卡拿鐵。
讓不同的食材與巧克力完美融為一體。

097
白煎茶拿鐵

為了不破壞煎茶細緻的香味，這杯熱奶茶是
使用柔和的白巧克力製作。

熱飲　茶飲

在熱杯中放入特朗尼奶茶香料糖漿
和大衛里歐大象香草茶，充分攪拌
混合。倒入紅茶後，再攪拌混合，
放入白玉和栗子澀皮煮，再倒入奶
泡讓它堆高。上面撒上白砂糖，用
瓦斯槍燒烤讓它略呈焦黃色，撒上
可可粉，裝飾上薄荷葉。

098
白玉焦糖奶茶

香味濃郁的奶茶表面，特別進行焦糖化作
業，這樣不但能鎖住奶茶的風味，還能讓人
享受酥脆的口感。藏在裡面的栗子澀皮煮和
白玉，也令人驚豔。

熱飲　茶飲

099
黑豆巧克力綠奶茶

以綠茶為基材的奶茶中，運用巧克力增加濃醇美味。裝飾有黑豆的奶凍及芝麻杏仁瓦片酥等配料，使飲品呈現豐富多彩的風貌。

茶飲　　冰飲

100
蔬菜凍飲

這杯飲品以健康為訴求，使用水果、青江菜和優格等材料。上面裝飾的紅薯片，成為受矚目的重點特色。

冰飲

101
抹茶奶油乳酪拿鐵

這是將大人風味的奶油乳酪拿鐵變化為抹茶版。加入抹茶和紅豆，是能讓人感受日式風情的飲品傑作。

冰飲　茶飲

102
巧克力餅乾起司咖啡

這杯加入OREO餅乾的凍飲咖啡，口感厚稠濃郁。混合奶油乳酪的發泡鮮奶油和巧克力，適度調和濃重的口感。

凍飲

103
情人起司咖啡

這是CULINARY製菓調理大阪分校2010年度飲品
競賽的優勝作品。在情人節主題下,運用所有素
材,極度耗費工夫所創作出的豪華代表作。

熱飲　咖啡

104
融化巧克力

組合紅薯泥和卡士達醬,調製出這杯濃醇香稠的
凍飲巧克力。豪華的外觀也使它成為代表性的甜
點飲品之一。

冰飲

105
杏桃白巧克力

這是以杏桃和白巧克力調製,口感溫和的
熱飲。飲料中加入少許白豆沙,使風味變
得更溫潤。

熱飲

106
薑汁堅果酥可可

這是使用寒冬時節少不了的生薑,製作的
香料風味熱巧克力。另外還加入少許柳橙
調味。

熱飲

107
血橙咖啡

這是使用血橙在冬季展推出的黑色飲
品。巧克力將義式咖啡裝點得更有冬天
的氛圍。

冰飲　咖啡

在細長形的香檳杯中,倒入特
朗尼血橙糖漿和特朗尼巧克力
摩卡醬汁,再慢慢倒入義式咖
啡、100%柳橙汁。上面擠上
發泡鮮奶油,再裝飾上裹覆巧
克力的糖漬橙皮乾。

108
紅色聖誕節
（雞尾酒飲品）

這是以色彩豔麗的糖漿，調製出具有聖誕氣氛的香檳雞尾酒。作法雖然極簡單，但是成品卻超級的棒。有了這杯飲品，必能擁有更加感性的聖誕夜。

雞尾酒

109
藍雪
（雞尾酒飲品）

這杯色彩鮮麗的藍色飲品，具有魔法般的魅力。讓人覺得只要喝了這杯飲品，任何願望似乎都能實現。

雞尾酒

我們Toyo Beverage（總公司位於大阪府羽曳野市古市1539號），除了販售「特朗尼」此一為人熟知的美國調味糖漿最大廠商R. Torre公司的製品，還進口、販售美國大衛里歐公司的調味茶和卡布慶公司的凍飲基材等咖啡系列產品，並經營「Shakers」咖啡館，同時從硬體和軟體兩方面，在日本全國擴展咖啡事業的版圖。

以開發新飲品計劃，拓展咖啡事業

西雅圖系列咖啡不可或缺的調味糖漿

自我初次來日起，即被日本的風土民情深深吸引，二度來日時，在經營自動販賣機和食品批發業務的公司任職。那時起我開始累積在日本開店的基本知識，1997年，終於在大阪梅田的阪神電鐵系統的Herbis plaza開設紐約風格的「Deli Cafe」。

之後，美國的西雅圖咖啡人氣高漲，我也注意到了這個變化，開始推出義式咖啡餐車，以及在日本引進、販售「特朗尼」的產品。

但當時，大部分的日本人都沒聽過調味糖漿，我實際製作讓他們試喝，大家一致的反應是「不合日本人的口味」。儘管如此，我依然相信日本人遲早會接受這樣的口味，因此不放棄繼續經營。

不過，自2000年以後，整個時代的風氣開始明顯轉變。美國西雅圖咖啡連鎖店也登陸日本，使用調味糖漿的咖啡拿鐵瞬間受到年輕人的喜愛。趁著這股風潮，我的客戶開始增加。

公司販售的調味糖漿，包括堅果、水果口味、冰沙、凍飲基材及淋醬等，也增加至50多種。不只局限用於義式咖啡中，還廣泛運用在冰紅茶、凍飲、雞尾酒及蔬果汁中。

除此之外，近年來咖啡中不可或缺的調味茶（Chai），以及能輕鬆製作冰咖啡的卡布慶（Cappuccine）產品也一應俱全，使得咖啡選單的內容大幅擴增。

本公司不只是批發、銷售這些產品，對於增進產品的運用方法、開發新口味飲品等，都會給予顧客極詳細的建議，希望能更進一步拓展客源。

Toyo Beverage股份有限公司
Douglas Schafer
執行董事

1967年，生於美國賓夕法尼亞州（Pennsylvania）匹茲堡。1990年接受日本文部省（現今的文部科學省）招聘赴日，在京都高中擔任英語教師。曾一度回到美國，進入投資顧問類的企業任職。之後又赴日，進入東洋食品股份有限公司任職，而後離職獨立開店，於1997年在大阪梅田的Herbis plaza創立美國風格的「Deli Cafe」，1998年起擔任美國R. Torre公司的日本總代理店，開始進口販賣特朗尼調味糖漿（Torani flavor syrup）。2004年在梅田Herbis plaza ENT開設「Shakers cafe lounge」，2005年開始成為美國大衛里歐（Davio rio）公司和卡布慶（Cappuccine）公司的日本總代理店，進口茶粉和凍飲基材等，2009年在難波的難波CITY本館，開設「Shakers cafe lounge」2號店。本公司地址位於大阪府羽曳野市古市1539號，為東京的營業所。

在直營店「Shakers」
提供特調飲品

開設在大阪梅田的Herbis plaza ENT和南方的難波CITY本館中的直營店「Shakers cafe lounge」，兼具宣傳本公司商品及實驗廚房的功能。

咖啡選單的產品豐富，除了有義式咖啡、卡布奇諾咖啡、咖啡拿鐵等咖啡外，還精選每月更換的特調飲品、顧客喜愛口味的咖啡拿鐵、卡布奇諾咖啡、義大利蘇打飲品等，以追求新咖啡風格為目標。

尤其，每兩個月陸續推出的6種新口味特調飲品，儘管自八年前開業之初進行至今，仍然獲得顧客高度的肯定，一直是「Shakers」的主力商品。

從咖啡師到甜點師等Shakers全體人員均可參與特調飲品的開發競賽。每次實際參加競技者約15人至20人，但也有人一次推出2、3種飲品。

每兩個月舉辦一次，參加人員各自提出自創的飲品，評審從每種飲品的美味度、外觀的震撼感，以及命名的質感等各種角度來評選，從中嚴選6種上市販售。

飲品創意的開發，基本上每個人可自由發揮，只要遵守兩項原則：1.成本控制在設定的原價、售價範圍內。2.至少使用1種公司銷售的產品。

只要遵照這兩項原則，其他飲品中要使用什麼材料，以咖啡還是蘇打水作為基材，都尊重個人的想法。

換言之，創意飲品競賽，是將來能在店內推出的前提下展開。自己研發的飲品若能獲選，即可在店內實際販售，基於此，參賽者都非常認真。

販售期結束後，銷售量最大的飲品，便入選為店內基本飲品，開發者將受到表揚。飲品創意若曾入選，員工會想再接再厲，工作也會變得更具熱忱，我覺得這項競賽具有一舉兩得的作用。

此外，因為特調飲品會在網路上公開食譜，或透過影音檔傳送，我想其他的店也能當作參考或加以運用。我希望透過資訊共享，協助擴展日本咖啡的未來。

擴展飲品新版圖的
「甜點飲品」

特調飲品注重的是創意和品質。

創意是指口味是否新鮮。最基本，一定是現有飲品中不曾出現的新味道。當然，還得要美味。飲品剛開始一入口給人的印象最為深刻。特調飲品一定要能讓人明確感受到美味度，而且喝到最後也不會讓人覺得膩口。

Shakers cafe lounge 難波CITY店
大阪府大阪市中央區難波5-1-60 難波CITY本館1F 06（6633）4344

Shakers cafe lounge Herbis ENT店
大阪府大阪市北區梅田2-2-22 Herbis PLAZA ENT 1F/2F 06（6344）4344

而品質，正如文字是指飲品品質的好壞。材料儘可能不使用再製品，儘可能自己製作。和料理一樣，儘量手工製作，這能增進商品的附加價值。

「Shakers」提供的特調飲品中，有不少產品是非得使用前一天採購的原料才能製作。這也成為優良品質的保證。

現在，我們的新飲品提案企劃中，新增「甜點飲品」的項目。

這類飲品除了具有豐富的芳香和味道外，還兼具如蛋糕、甜點般「一些食用上的樂趣」。有的用吸管飲用時能吸入一些食材，有的具有口感佳的裝飾，都使飲品更添美味。

就如蛋糕的作法一樣，這類飲品需要分開製作各部分，再將其組合，雖然很費時耗工，不過飲品呈現前所未有的魅力，能吸引顧客的目光。

在飲品裝飾上，會使用蛋糕裝飾時常用的杏仁瓦片酥或酥片，讓顧客在喝飲品之餘，還能嚐到酥脆的口感，另外也會用珍珠粉圓或果凍，增加滑嫩的味蕾感受，甜點類飲品能在許多方面發揮創意。

色彩搶眼、外觀華麗，也是銷售的一大重點。甜點飲品現正蘊釀形成一種新的飲品類型。

另外，季節感是今後開發飲品的必備元素。至今為止，雖然不只是夏季推出冷飲、冬季推出熱飲這樣單純來區分，不過日本四季擁有豐富的物產，這是外國缺乏，日本特有的優點。

以水果、蔬菜為主，日本四季擁有各式食材。充分運用這些材料，能調製出深具四季特色的飲品。

咖啡師應具備
開發新飲品的能力

如前所述，本公司最主要的業務是進口、銷售飲品相關產品，同時兼營咖啡館，因此也很關心咖啡師的教育，支持他們參與講習或活動。

為了讓咖啡師學習咖啡以外的飲品技術和培養創造力，開發特調飲品的競賽，也是相關活動的一環。

西雅圖的咖啡風格尚未在日本占穩腳步，整體來看，因日本咖啡風味水準的提升，使得競爭也漸趨激烈。我希望在「Shakers」工作的咖啡師，能徹底認清這樣的時代趨勢，讓自己具有更遠大的目標。

深入學習咖啡豆和焙煎知識、增進咖啡的技術、鍛鍊拉花技藝等，咖啡師未來絕對要加強這些專業技能。

不過，除了咖啡以外，咖啡師還需具備能針對每位顧客的喜好和心情，創作專為個人設計的飲品的技術。

為了在競爭如此激烈的時代裡生存下去，這些都是造成店家差異的重點，也是咖啡師存在的意義所在吧！

在咖啡飲品方面，我們能夠期待未來還會出現許多新領域和商品。本公司今後仍會企劃推出符合時代的新飲品，透過媒體傳送，大力支持從事咖啡事業的人們。

充實飲品選單的重要材料

TORANI 特朗尼

1925年，Rinaldo和Ezilda Torre夫婦倆從故鄉義大利盧卡（Lucca）帶回一本手寫食譜，因此契機，他們開始在舊金山北灘自己經營的食材批發店裡製作調味糖漿。

用該糖漿製作的義大利蘇打水，短時間內即成為當地鄰近咖啡館和餐廳不可或缺的飲品之一。

1938年Rinaldo去世，妻子Ezilda一肩承擔起R.Torre＆Company的營運。1957年由女婿Harry Lucheta接手，他以「特朗尼」之名，對確立糖漿品牌的地位做出了巨大的貢獻。

今天大家熟知的特調拿鐵，其實最早是用特朗尼的產品製作。

1990年代，咖啡業界新潮流開展之初，業界的資深達人Brandy Brandenburger，在舊金山的老咖啡館Caffe Trieste，將特朗尼糖漿加入拿鐵咖啡中，完成第一杯特調拿鐵咖啡。

從5種傳統義大利糖漿起家的特朗尼調味糖漿，如今已開發出百種以上的口味。

包括醬汁、思慕昔和凍飲基材等，陸續還有許多支持咖啡事業的產品問世。

特朗尼創業迄今已85年，雖然其間經歷無數變遷，但至今不變的是他們對特朗尼產品投注的愛心與熱情。

第三代經營者Paul和Lisa Iucheta，仍

堅守第一代「使用頂級材料和不惜工夫」的理念，現在依然持續不斷開發新產品。

● 調味糖漿〔水果系列〕

| 蘋果 | 奇異果 | 草莓 | 櫻桃 | 蔓越莓 | 桃子 | 藍莓 |

● 調味糖漿〔堅果系列〕

| 杏仁 | 椰子 | 肉桂 | 香草 | 巧克力 | 榛果 | 焦糖 |

DAVID RIO 大衛里歐

　　DAVID RIO是由兩位創業者David Lowe和Rio Miura之名組合而成的調味茶、茶公司。

　　熱愛東方文化的兩人，決定將Rio的故鄉日本和David的故鄉美國連結起來，以舊金山為據點，創立以型錄銷售為主的公司，推出適合日本市場的咖啡和茶飲相關商品，但是原本企劃只在日本銷售的大象香草茶，上市沒多久，美國國內市場便有強烈的需求聲浪。

　　在此機緣下，該公司開始在美國拓展事業版圖，開發出更具存在感的老虎香料茶，以及使用日本人十分熟悉的綠茶，研發出陸龜綠奶茶。

　　之後又加入巨嘴鳥芒果茶，如今不只在美國，該公司產品已深入世界25個國家，發展成大家熟悉的調味茶品牌。

　　大衛里歐公司的各種調料茶，都冠以瀕臨滅絕危機的動物名稱。目的是希望大眾了解該公司愛護動物的一貫宗旨。

　　老虎香料茶的總銷售額一部分，該公司會提撥作為保護、飼育老虎的基金。

大衛里歐調味茶‧398g

大象香草茶

巨嘴鳥芒果茶

CAPPUCCINE 卡布慶

　　1993年，卡布慶公司在美國加州沙漠區的高級休閒地棕櫚泉市（Palm Springs），開發出業界劃時代的冰咖啡用綜合咖啡粉。因其便利性，味道和品質均優等，至今在美國已獲得8項大獎。

　　讓凍飲更易製作，這是卡布慶公司創辦人Michael Rubin最大的心願。他追求以簡單的方式，製作出風味突出的飲品。

　　現在街頭巷尾任一家咖啡館，都有冰咖啡產品。利用魔法般的凍飲基材，人人都能輕鬆製出美味飲品，如今Michael已實現了這個夢想。

材料和作法

●材料的計量單位1ml＝1cc。
●材料中標示的適量，是指個人喜好的分量。因量杯或玻璃杯的大小各有不同，有時也需自行調整分量。
●使用材料中，優格是採用原味優格，鮮奶油是用乳脂肪成分35％的產品，豆奶為調味豆奶，蘇打水為無糖產品。
●在秋季飲品中介紹的「糙米豆奶拿鐵」，若買不到材料中的糙米胚芽粉，可利用手握式電動攪拌器（bamix）將糙米胚芽磨成粉使用。
●義式咖啡的萃取時間，因使用的豆子種類和狀況不同，也稍有變化。
●關於杏仁瓦片酥和酥片的製作，請參閱彩頁的第22～23頁。
●基本上，製作飲品前水果和蔬菜都要先清洗、去皮，所以在作法中省略不提。

SPRING

春季飲品

001 美麗漂浮莓果

彩頁第6頁

●材料
覆盆子果凍（4人份） 1人份60g
　┌ 特朗尼覆盆子糖漿 16ml
　│ 特朗尼櫻桃糖漿 16ml
　│ 熱水 135ml
　└ 吉利丁 3g
特朗尼覆盆子糖漿 16ml
特朗尼櫻桃糖漿 8ml
鮮奶 90ml
蘇打水 60ml
莓果冰淇淋 35g
　┌ 香草冰淇淋 20g
　│ 特朗尼綜合莓果泥（Torani puree blend mixed berry） 15g
　└ 巧克力片 6g
草莓 1個
覆盆子 2～3個
薄荷葉 1片

●作法
1 在玻璃杯中，倒入覆盆子糖漿、櫻桃糖漿和覆盆子果凍混合。
2 加入適量冰塊，倒入鮮奶和蘇打水，放上莓果冰淇淋。
3 最後裝飾上草莓、覆盆子和薄荷葉。

002 義式咖啡WARABI

彩頁第6頁

●材料
大衛里歐大象香草茶（David rio elephant vanilla chai） 15g
特朗尼巧克力摩卡醬（Torani chocolate mocha sauce） 10g
特朗尼巧克力米蘭糖漿（Torani chocolate milano syrup） 8ml
鮮奶 100ml
鮮奶油 25g
日式咖啡涼凍（10人份） 1人份30g
　┌ 義式咖啡 180ml
　│ 日式涼凍粉（warabi粉） 80g
　│ 水 180ml
　└ 白砂糖 45g
黃豆粉 少量
薄荷葉 1片

●作法
1 在玻璃杯中，用巧克力摩卡醬淋上花樣。
2 在雪克杯中，放入香草茶、鮮奶和適量冰塊搖晃混合。
3 在**1**中放入適量冰塊，倒入**2**。
4 擠上鮮奶油，上面放上日式咖啡涼凍，撒上黃豆粉，再裝飾上薄荷葉。
（註：可視喜好加上杏仁瓦片酥，作法請參考P22。）

003 香滑起司思慕昔

彩頁第7頁

●材料
特朗尼蜂蜜香草糖漿 16ml
香草冰淇淋 35g
奶油乳酪 90g
鮮奶油 60ml
鮮奶 100ml
檸檬汁 6ml

冰塊　140g

優格　30g

特朗尼綜合莓果泥　30g

白巧克力酥片裝飾　10g

冷凍覆盆子　15g

薄荷葉　1片

●作法

1 在果汁機中放入蜂蜜香草糖漿、冰淇淋、奶油乳酪、鮮奶油、鮮奶、檸檬汁和冰塊，攪打到變細滑為止。

2 在玻璃杯中，用15g綜合莓果泥淋出花樣，再倒入**1**。

3 剩餘的綜合莓果泥和優格混合後，放在**2**上。

4 佐配上冷凍覆盆子、白巧克力酥片，最後裝飾上薄荷葉。

004　橘香咖啡

彩頁第8頁

●材料

特朗尼橘子糖漿　8ml

特朗尼巧克力摩卡醬　10g

義式咖啡　25ml

鮮奶　160ml

發泡鮮奶油（whipped cream）　20g

開心果碎粒　適量

糖漬橙皮乾　1個

肉桂粉　適量

肉桂棒　1條

蜂蜜　3g

●作法

1 在杯中倒入橘子糖漿和巧克力摩卡醬混合。

2 在**1**的杯中，倒入萃取好的義式咖啡充分混合。

3 鮮奶用蒸氣打發成奶泡，倒入**2**中。

4 放上發泡鮮奶油，上面裝飾上糖漬橙皮乾，淋上蜂蜜。

5 最後裝飾上開心果碎粒、肉桂粉和肉桂棒。

005　紅鶴冰沙

彩頁第10頁

●材料

特朗尼覆盆子糖漿　24ml

特朗尼起司蛋糕糖漿　8ml

特朗尼提拉米蘇糖漿　8ml

鮮奶油　45ml

鮮奶　45ml

冰塊　120g

義式咖啡　25ml

奶泡　適量

可可粉　適量

薄荷葉　1片

●作法

1 在果汁機中放入覆盆子糖漿、起司蛋糕糖漿、提拉米蘇糖漿、鮮奶油、鮮奶和冰塊，攪打到變細滑為止。

2 在玻璃杯中倒入**1**，放入奶泡。

3 慢慢倒入義式咖啡。

4 撒上可可粉。

5 裝飾上薄荷葉。

006　細綿草莓摩卡

彩頁第11頁

●材料

特朗尼草莓糖漿　8ml

特朗尼白巧克力摩卡醬　10g

義式咖啡　20ml

鮮奶　90ml

覆盆子發泡鮮奶油

┌ 特朗尼覆盆子糖漿　8ml

└ 發泡鮮奶油　35g

銀糖珠　0.5g

草莓片　4片

●作法

1 在杯中倒入草莓糖漿和白巧克力摩卡醬，混合。

2 在**1**的杯中，倒入萃取好的義式咖啡充分混合。

3 鮮奶用蒸氣打發成奶泡，倒入**2**中。

4 擠上覆盆子發泡鮮奶油。

5 裝飾上草莓片和銀糖珠。

007　愛的草莓摩卡

彩頁第12頁

●材料

特朗尼覆盆子糖漿　16ml

特朗尼綜合莓果泥　30g

特朗尼巧克力米蘭糖漿　8ml

特朗尼巧克力摩卡醬　適量

義式咖啡　25ml

鮮奶　150ml

冰塊　140g

香草冰淇淋　30g

巧克力錠　適量

發泡鮮奶油　25g

草莓　1個

杏仁瓦片酥　1片

銀糖珠　適量

薄荷葉　1片

●作法

1 在果汁機中放入覆盆子糖漿、巧克力米蘭糖漿、綜合莓果泥、鮮奶和冰塊，攪打到變細滑為止。

2 萃取義式咖啡。

3 在玻璃杯中，倒入巧克力摩卡醬和**2**混合。

4 慢慢倒入**1**。

5 依序放上發泡鮮奶油和香草冰淇淋。

6 最後裝飾上巧克力錠、草莓、杏仁瓦片酥、銀糖珠和薄荷葉。

008　草莓冰淇淋摩卡

●材料

草莓奶凍（1人份）　100g

┌ 特朗尼草莓糖漿　8ml

│ 特朗尼覆盆子糖漿　8ml

│ 鮮奶　80ml

│ 特朗尼白巧克力摩卡醬　10g

└ 吉利丁　60g

特朗尼白巧克力摩卡醬　15g

義式咖啡　25ml

鮮奶　80ml

發泡鮮奶油　35g

香草冰淇淋　30g

乾草莓粒　2g

覆盆子醬　3g

草莓　1個

薄荷葉　1片

●作法

1 在玻璃杯中，用白巧克力摩卡醬擠上花樣。

2 依序倒入草莓奶凍、冰塊、鮮奶和義式咖啡。

3 擠上發泡鮮奶油，上面裝飾上冰淇淋、乾草莓粒、覆盆子醬、草莓和薄荷葉。

009　煉乳草莓阿法奇朵

彩頁第13頁

●材料

草莓冰淇淋（8人份）　1人份　40g

┌ 特朗尼草莓糖漿　64ml

│ 鮮奶油　80ml

│ 香草冰淇淋　150g

│ 草莓　4個

└ 冰塊　100g

煉乳　10g

義式咖啡　60ml

發泡鮮奶油　15g

草莓切4瓣　2個

薄荷葉　1片

●作法

1 在杯中放入草莓冰淇淋。

2 將煉乳和義式咖啡混合，淋在**1**的上面。

3 放上發泡鮮奶油，裝飾上草莓和薄荷葉。

010　奶油蛋糕拿鐵

彩頁第13頁

●材料

特朗尼綜合莓果泥　30g

香草冰淇淋　35g

鮮奶　170ml

冰塊　140g

義式咖啡　25ml

草莓　1個

杏仁瓦片酥　10g

巧克力杏仁瓦片酥　1片

冷凍覆盆子　3顆

開心果碎粒　少量

發泡鮮奶油　25g

薄荷葉　1片

●作法

1 在果汁機中放入綜合莓果泥、香草冰淇淋、鮮奶、冰塊和杏仁瓦片酥，攪打到變細滑為止。

2 在玻璃杯中倒入**1**，再倒入義式咖啡。

3 擠上發泡鮮奶油，裝飾上草莓、冷凍覆盆子、開心果碎粒和巧克力杏仁瓦片酥。

011　草莓奶茶

彩頁第14頁

●材料

特朗尼草莓糖漿　8ml

特朗尼肉桂糖漿　8ml

特朗尼綜合莓果泥　3g

特朗尼白巧克力摩卡醬　3g

大衛里歐大象香草茶（David rio elephant vanilla chai）　15g

巧克力錠（白巧克力）　5～6粒

鮮奶　160ml

發泡鮮奶油　20g

可可粉　適量

薄荷葉　1片

●作法

1 在杯中放入草莓糖漿、肉桂糖漿和香草茶，充分混合。

2 鮮奶用蒸氣打發成奶泡，慢慢倒入**1**中（同時充分混合）。

3 放上發泡鮮奶油，淋上綜合莓果泥和白巧克力摩卡醬。

4 最後裝飾上白巧克力錠、可可粉和薄荷葉。

012 糖果屋

彩頁第14頁

●材料

特朗尼巧克力摩卡醬　適量

特朗尼綜合莓果泥　15g

特朗尼覆盆子糖漿　16ml

特朗尼香草糖漿　8ml

咖啡凍　40g

┌ 白砂糖　10g

│ 咖啡　150ml

└ 吉利丁　2g

草莓　1/2個

脆笛酥　1根

銀糖珠　適量

糖粉　適量

香草冰淇淋　38g

求肥麻糬　10g

冰塊　100g

100％柳橙汁　30ml

冷凍覆盆子　5個

鮮奶　100ml

發泡鮮奶油　30g

薄荷葉　1片

●作法

1 在果汁機中，放入綜合莓果泥、覆盆子糖漿、香草糖漿、冰塊、鮮奶、冷凍覆盆子和柳橙汁，攪打到變細滑為止。

2 在玻璃杯中放入咖啡凍，擠上發泡鮮奶油，再倒入 **1**。

3 放上香草冰淇淋，蓋上求肥麻糬，淋上巧克力摩卡醬。

4 裝飾上銀糖珠、草莓、脆笛酥和薄荷葉。

5 最後撒上糖粉。

013 冷凍莓果優格

彩頁第15頁

●材料

特朗尼蜂蜜香草糖漿　16ml

特朗尼香草糖漿　24ml

特朗尼綜合莓果泥　10g

優格　100g

鮮奶油　60ml

冰塊　160g

香草冰淇淋　35g

冷凍覆盆子　3顆

冷凍藍莓　3顆

草莓切4瓣　3個

薄荷葉　1片

●作法

1 在果汁機中，放入蜂蜜香草糖漿、香草糖漿、綜合莓果泥、優格、鮮奶油和冰塊，攪打到變細滑為止。

2 在玻璃杯中倒入 **1**，放上香草冰淇淋。

3 最後裝飾上冷凍覆盆子、冷凍藍莓、草莓和薄荷葉。

014 綜合莓果酸奶昔

彩頁第15頁

●材料

特朗尼覆盆子糖漿　8ml

特朗尼藍莓糖漿　8ml

特朗尼綜合莓果泥　15g

優格　35g

鮮奶油　5ml

鮮奶　30ml

蜂蜜　6g

蘇打水　100ml

椰果（nata de coco）　5個

奇異果切丁　10g

覆盆子切丁　20g

薄荷葉　1片

●作法

1 在玻璃杯中，放入覆盆子糖漿、藍莓糖漿、綜合莓果泥、鮮奶油和鮮奶混合。

2 放入適量的冰塊，放入椰果。

3 慢慢倒入蘇打水。

4 放入優格，淋上蜂蜜。

5 最後裝飾上奇異果、覆盆子和薄荷葉。

015 阿法奇朵焦糖咖啡

彩頁第16頁

●材料

特朗尼綜合莓果泥　15g

特朗尼石榴糖漿　8ml

特朗尼焦糖醬　10g

義式咖啡　25ml

鮮奶　30ml

香草冰淇淋　60g

杏仁瓦片酥　1片

白砂糖　適量

發泡鮮奶油　30g

可可粉　適量

薄荷葉　1片

●作法

1 在玻璃杯口，塗上少量石榴糖漿，沾上白砂糖，裝飾成白雪狀。

2 在玻璃杯中，放入綜合莓果泥、石榴糖漿混合。

3 放入香草冰淇淋，慢慢依序倒入鮮奶和義式咖啡。

4 擠上發泡鮮奶油，淋上焦糖醬。

5 最後裝飾上杏仁瓦片酥、可可粉和薄荷葉。

016 芳香卡布奇諾咖啡

彩頁第17頁

●材料

特朗尼焦糖醬　15g

特朗尼蜂蜜香草糖漿　4ml

特朗尼愛爾蘭奶酒糖漿（Torani irish cream syrup）　8ml

特朗尼奶油酥餅糖漿（Torani shortbread syrup）　4ml

鮮奶　60ml

義式咖啡　60ml

香草冰淇淋　30g

餅乾　2〜3片

開心果碎粒　少量

薄荷葉　1片

●作法

1 在果汁機中，倒入蜂蜜香草糖漿、愛爾蘭奶酒糖漿、奶油酥餅糖漿、鮮奶和義式咖啡攪打。

2 在玻璃杯中，用焦糖醬淋上花樣，放入適量冰塊，再倒入 **1**。

3 靠在玻璃杯邊緣斜放上餅乾，再放上香草冰淇淋。

4 最後裝飾上開心果碎粒和薄荷葉。

017 繡球花

彩頁第17頁

●材料

特朗尼藍莓糖漿　24ml

特朗尼鳳梨糖漿　8ml

特朗尼蜂蜜香草糖漿　8ml

鮮奶油　60ml

鮮奶　60ml

冰塊　120g

冷凍覆盆子　4顆

冷凍藍莓　10顆

香草冰淇淋　35g

檸檬片　1片

薄荷葉　1片

●作法

1 在果汁機中，放入藍莓糖漿、鳳梨糖漿、蜂蜜香草糖漿、鮮奶油、鮮奶和冰塊，攪打到變細滑為止。

2 在玻璃杯中，放入5顆冷凍藍莓，再倒入 **1**。

3 放上香草冰淇淋，最後裝飾上冷凍覆盆子、冷凍藍莓、檸檬片和薄荷葉。

018 紫蘿蘭

彩頁第18頁

●材料

特朗尼藍莓糖漿　24ml

特朗尼檸檬糖漿　8ml

特朗尼香草糖漿　32ml

鮮奶　100ml

冰塊　200g

優格　60g

檸檬片　1片

（用10g白砂糖醃漬）

藍莓果醬　10g

薄荷葉　1片

●作法

1 在果汁機中，放入藍莓糖漿、檸檬糖漿、香草糖漿、冰塊和鮮奶，攪打到變細滑為止。

2 在玻璃杯中倒入 **1**，放上優格，裝飾上檸檬片、藍莓果醬和薄荷葉。

019 異國風櫻桃蘇打

彩頁第19頁

●材料

特朗尼櫻桃糖漿　24ml

特朗尼肉桂糖漿　8ml

蘇打水　180ml

椰果　6個

美國櫻桃　3個

薄荷葉　2片

肉桂棒　1根

●作法

1 在玻璃杯中，倒入櫻桃糖漿、肉桂糖漿，再加入適量冰塊。

2 放入椰果和美國櫻桃，慢慢倒入蘇打水。

3 插上肉桂棒，再裝飾上薄荷葉。

020 奇異果優格

彩頁第20頁

●材料

特朗尼奇異果糖漿　48ml

奇異果　1/2個

優格　40g

特朗尼草莓糖漿　8ml

冰塊　120g

鮮奶　160ml

裝飾用奇異果片　1/2片

發泡鮮奶油　25g

杏仁瓦片酥　1片

格蘭諾拉穀物棒（granola）　10g

薄荷葉　1片

●作法

1 在果汁機中，放入奇異果糖漿、奇異果、冰塊和鮮奶，攪打到變細滑為止。

2 在玻璃杯中，放入草莓糖漿和優格充分混合，再慢慢倒入**1**。

3 擠上發泡鮮奶油，最後裝飾上格蘭諾拉穀物棒、奇異果片、杏仁瓦片酥和薄荷葉。

021　歡樂彩虹

彩頁第21頁

●材料

特朗尼芒果糖漿　8ml

特朗尼百香果糖漿　8ml

藍色覆盆子果凍（4人份）　1人份　20g

- 水　80ml

　特朗尼藍色覆盆子糖漿　32ml

- 吉利丁片　3g

蘇打水　120ml

彩虹雪貝（sherbet）（10人份）　1人份　35g

- 特朗尼西瓜糖漿　32ml

　特朗尼芒果糖漿　52ml

　特朗尼藍色覆盆子糖漿　12ml

- 葡萄柚雪貝　300g

檸檬片　1片

薄荷葉　1片

●作法

1 在玻璃杯中，放入芒果糖漿、百香果糖漿和適量冰塊，倒入蘇打水。

2 放入藍色覆盆子果凍。

3 最後裝飾上彩虹雪貝、檸檬片和薄荷葉。

SUMMER

夏季飲品

022　新鮮薄荷水果冰沙

彩頁第25頁

●材料

特朗尼鳳梨糖漿　16ml

特朗尼百香果糖漿　16ml

100％鳳梨汁　150ml

冰塊　200g

薄荷葉　4～5片

薄荷果凍（10人份）　1人份　10g

- 特朗尼薄荷糖漿　32ml

　水　80ml

- 吉利丁　3g

番石榴櫻桃果凍（4人份）　1人份　35g

- 特朗尼番石榴糖漿　16ml

　特朗尼櫻桃糖漿　16ml

　水　80ml

- 吉利丁　3g

奇異果切丁　10g

草莓切丁　10g

黃桃切丁　10g

巧克力杏仁瓦片酥　1片

薄荷葉　1片

●作法

1 在果汁機中，放入鳳梨糖漿、百香果糖漿、鳳梨汁、冰塊和薄荷葉，攪打到變細滑為止。

2 在玻璃杯中，放入番石榴櫻桃果凍，再倒入**1**。

3 裝飾上薄荷果凍、奇異果、草莓和黃桃。

4 最後裝飾上巧克力杏仁瓦片酥和薄荷葉。

023　豆腐思慕昔

彩頁第26頁

●材料

醬油巧克力醬（3人分）　1人份　15g

- 特朗尼巧克力米蘭糖漿　8ml

　特朗尼楓糖糖漿　4ml

　特朗尼香草糖漿　4ml

　特朗尼巧克力摩卡醬　20g

- 醬油　5ml

特朗尼香草糖漿　16ml

豆腐　90g

鮮奶　80ml

豆奶　80ml

冰塊　160g

發泡鮮奶油　25g

紅豆　25g
芝麻杏仁瓦片酥　1片
薄荷葉　1片

●作法
1 在果汁機中，放入香草糖漿、豆腐、豆奶、鮮奶和冰塊，攪打到變細滑為止。
2 在玻璃杯中，用醬油巧克力醬淋上花樣，再倒入 **1**。
3 擠上發泡鮮奶油，最後裝飾上紅豆、芝麻杏仁瓦片酥和薄荷葉。

024　抹茶水果冰沙

彩頁第26頁

●材料
特朗尼芒果泥　30g
胡蘿蔔泥　60g
杏桃（罐頭）　25g
檸檬汁　5ml
冰塊　160g
100％柳橙汁　180ml
抹茶冰淇淋　35g
裝飾用杏桃（罐頭）　10g
薄荷葉　1片

●作法
1 在果汁機中，放入芒果泥、胡蘿蔔泥、罐頭杏桃、檸檬汁、柳橙汁和冰塊，攪打到變細滑為止。
2 在玻璃杯中倒入 **1**，裝飾上抹茶冰淇淋、杏桃和薄荷葉。

025　桃子優格思慕昔

彩頁第27頁

●材料
特朗尼綜合桃子泥　30g
特朗尼覆盆子糖漿　16ml
優格　40g
冰塊　160g
鮮奶　90ml
香草冰淇淋　30g
白桃片（罐頭）　20g
薄荷葉　1片

●作法
1 在果汁機中，放入綜合桃子泥、覆盆子糖漿、優格、冰塊、鮮奶和香草冰淇淋，攪打到變細滑為止。
2 在玻璃杯中倒入 **1**，裝飾上白桃片和薄荷葉。

026　和風珍珠思慕昔

彩頁第27頁

●材料
特朗尼飲品基底糖漿（Torani creme blended beverage base）　30g
冰塊　160g
煉乳　25g
鮮奶　180ml
發泡鮮奶油　25g
紅豆　20g
珍珠粉圓　45g
草莓切4瓣　2個
薄荷葉　1片

●作法
1 在果汁機中，放入飲品基底糖漿、冰塊、煉乳和鮮奶，攪打到變細滑為止。
2 在玻璃杯中放入紅豆，再倒入 **1**。
3 擠上發泡鮮奶油，裝飾上珍珠粉圓、草莓和薄荷葉。

027　桃子烏醋冰沙

彩頁第28頁

●材料
特朗尼綜合桃子泥　30g
特朗尼覆盆子糖漿　8ml
豆奶　170ml
烏醋　5ml
優格　40g
冰塊　160g
白桃（罐頭）　15g
檸檬片　1片
薄荷葉　1片
桃子凍（4人份）　1人份　30g
┌ 特朗尼桃子糖漿　32ml
│ 特朗尼覆盆子糖漿　4ml
│ 水　80ml
└ 吉利丁　3g

●作法
1 在果汁機中，放入綜合桃子泥、覆盆子糖漿、豆奶、烏醋、優格和冰塊，攪打到變細滑為止。
2 在玻璃杯中倒入 **1**，放上桃子凍。
3 最後裝飾上罐頭白桃、檸檬片和薄荷葉。

028　蜂蜜香蕉冰沙

彩頁第28頁

●材料
特朗尼香草糖漿　16ml
卡布慶焦糖糖漿風味粉（Cappuccine caramel de leche）　15g
香蕉　1/2條
檸檬汁　15ml
香草冰淇淋　30g
蜂蜜　20g
鮮奶　180ml
冰塊　160g
巧克力錠　適量
棉花糖　3個
薄荷葉　1片

●作法
1 在果汁機中，放入香草糖漿、卡布慶焦糖糖漿風味粉、香蕉、檸檬汁、香草冰淇淋、蜂蜜、鮮奶、巧克力錠和冰塊，攪打到變細滑為止。
2 在玻璃杯中倒入1，最後裝飾上棉花糖和薄荷葉。

029　薄荷珍珠奶茶

彩頁第29頁

●材料
特朗尼薄荷糖漿　24ml
冰紅茶（無糖）　100ml
鮮奶　70ml
珍珠粉圓　50g
發泡鮮奶油　25g
巧克力薄荷葉冰淇淋　35g
飴糖　1片
薄荷葉　1片

●作法
1 在玻璃杯中，放入薄荷糖漿和珍珠粉圓，放入適量的冰塊。
2 倒入冰紅茶和鮮奶。
3 擠上發泡鮮奶油，最後裝飾上巧克力薄荷冰淇淋、飴糖和薄荷葉。

030　清涼薄荷火花

彩頁第30頁

●材料
特朗尼薄荷糖漿　16ml
特朗尼萊姆糖漿　8ml
100％葡萄柚汁　45ml
蘇打水　適量
薄荷葉　適量
萊姆片　2片
鳳梨冰沙　35g

●作法
1 在玻璃杯中，放入薄荷糖漿、萊姆糖漿和薄荷葉，用長柄湯匙輕輕敲擊，讓材料散發出香味。
2 放入適量冰塊，依序慢慢倒入葡萄柚汁和蘇打水。
3 最後裝飾上鳳梨冰沙和萊姆片。

031　水果風味番茄汁

彩頁第31頁

●材料
特朗尼芒果糖漿　8ml
特朗尼桃子糖漿　8ml
特朗尼西瓜糖漿　8ml
100％柳橙汁　90ml
番茄汁　90ml
葡萄柚冰沙　35g
薄荷葉　1片

●作法
1 在玻璃杯中，倒入芒果糖漿、桃子糖漿和西瓜糖漿，加入適量冰塊。
2 依序慢慢的倒入番茄汁和柳橙汁，讓它呈現不同層次。
3 最後裝飾上葡萄柚冰沙和薄荷葉。

032　柳橙優格思慕昔

彩頁第32頁

●材料
特朗尼橘子糖漿　16ml
透明糖漿　13ml
冰塊　160g
100％柳橙汁　140ml
柳橙果凍（4人份）　1人份　20g
┌ 特朗尼橘子糖漿　24ml
│ 特朗尼血橙糖漿　8ml
│ 水　80ml
└ 吉利丁　3g
優格　40g
柳橙果醬　10g
薄荷葉　1片

●作法
1 在果汁機中，放入橘子糖漿、透明糖漿、冰塊和柳橙汁，攪打到變細滑為止。
2 在玻璃杯中倒入1，放上優格，再裝飾上柳橙果凍、柳橙果醬和薄荷葉。

033 香濃芒果布丁思慕昔

彩頁第32頁

●材料
特朗尼綜合芒果泥　30g
特朗尼芒果糖漿　16ml
鮮奶油　90ml
鮮奶　45ml
冷凍芒果塊　40g
冰塊　140g
裝飾用冷凍芒果塊　10g
（用適量的特朗尼芒果糖漿醃漬）
枸杞　4〜5粒
（用適量的特朗尼芒果糖漿醃漬）
發泡鮮奶油　25g
薄荷葉　1片

●作法
1 在果汁機中，放入綜合芒果泥、芒果糖漿、鮮奶油、鮮奶、冷凍芒果塊和冰塊，攪打到變細滑為止。
2 在玻璃杯中倒入**1**，擠上發泡鮮奶油。
3 最後裝飾上芒果塊、枸杞和薄荷葉。

034 香濃芒果汁

彩頁第33頁

●材料
特朗尼芒果糖漿　16ml
100％柳橙汁　100ml
100％鳳梨汁　80ml
芒果（罐頭）　60g
芒果塊　6塊
薄荷葉　1片

●作法
1 在果汁機中，放入芒果糖漿、100％柳橙汁、100％鳳梨汁、罐頭芒果、3個芒果塊，攪打均勻。
2 在玻璃杯中倒入**1**，放上3塊芒果塊，裝飾上薄荷葉。

035 漂浮綜合冰茶

彩頁第33頁

●材料
特朗尼桃子糖漿　8ml
特朗尼百香果糖漿　8ml
特朗尼芒果糖漿　8ml
特朗尼焦糖醬　8g
冰紅茶（無糖）　180ml
橘子（罐頭）　5個
香草冰淇淋　30g
開心果碎粒　2g
薄荷葉　1片

●作法
1 在玻璃杯中，倒入桃子糖漿、百香果糖漿和芒果糖漿，放入適量冰塊。
2 放入罐頭橘子，倒入冰紅茶。
3 放上香草冰淇淋，淋上焦糖醬。
4 最後裝飾上開心果碎粒和薄荷葉。

036 果凍桃子茶

彩頁第34頁

●材料
桃子茶（無糖）　100ml
特朗尼葡萄糖漿　16ml
桃子果凍（4人份）　1人份　40g
┌ 特朗尼桃子糖漿　32ml
│ 水　80ml
└ 吉利丁片　3g
檸檬冰沙1人份　35g
┌ 100％葡萄柚汁　20ml
│ 特朗尼檸檬糖漿　16ml
└ （混合後放入冷凍庫冰凍）
薄荷葉　1片

●作法
1 在玻璃杯中，放入葡萄糖漿、桃子果凍，再放入適量冰塊。
2 倒入桃子茶，裝飾上檸檬冰沙和薄荷葉。

037 美人紅果茶

彩頁第34頁

●材料
特朗尼覆盆子糖漿　8ml
特朗尼櫻桃糖漿　8ml
紅色水果香草茶　100ml
紅櫻桃　15g
100％葡萄柚汁　45ml
紅葡萄冰沙　35g
食用花　1〜2朵
薄荷葉　1片

●作法
1 在玻璃杯中倒入覆盆子糖漿、櫻桃糖漿，放入適量冰塊。
2 放入紅櫻桃，依序慢慢倒入葡萄柚汁，紅色水果香草茶（已冷卻的）。
3 最後裝飾上紅葡萄冰沙、食用花和薄荷葉。

038 島嶼冰茶蘇打

彩頁第35頁

●材料

特朗尼綜合芒果泥　10g
特朗尼百香果糖漿　8ml
冰紅茶（無糖）　90ml
蘇打水　90ml
柳橙切丁　1/8個份
食用花　1朵
薄荷葉　2～3片

●作法

1 在玻璃杯中，放入綜合芒果泥、百香果糖漿，充分混合。
2 放入適量的冰塊和柳橙丁，倒入冰紅茶和蘇打水。
3 最後裝飾上食用花和薄荷葉。

039 綜合水果茶

彩頁第36頁

●材料

特朗尼石榴糖漿　16ml
冰紅茶（無糖）　170ml
藍莓果醬　30g
橘子（罐頭）　4個
草莓　1個
薄荷葉　1片

●作法

1 在玻璃杯中塗上藍莓果醬。
2 放入石榴糖漿、適量冰塊，倒入冰紅茶。
3 最後裝飾上罐頭橘子、草莓和薄荷葉。

040 蜂蜜檸檬冰沙

彩頁第37頁

●材料

特朗尼檸檬糖漿　16ml
特朗尼百香果糖漿　8ml
特朗尼櫻桃糖漿　8ml
100%葡萄汁　100ml
冰塊　160g
蜂蜜　20g
奇異果塊　2塊
鳳梨塊　2塊
白桃塊　3塊
薑汁汽水　45ml
蜂蜜醃漬檸檬片　1片
黑櫻桃　1顆
薄荷葉　1片

●作法

1 在果汁機中，放入檸檬糖漿、百香果糖漿、葡萄柚汁、冰塊和蜂蜜，攪打均勻。
2 在玻璃杯中放入櫻桃糖漿後，再倒入1。
3 放入奇異果、鳳梨和白桃，倒入薑汁汽水。
4 最後裝飾上黑櫻桃、蜂蜜醃漬檸檬片和薄荷葉。

041 熱帶椰子拿鐵

彩頁第37頁

●材料

椰奶凍（2人份）　60g
┌ 特朗尼椰子糖漿　24ml
│ 特朗尼香草糖漿　8ml
│ 鮮奶　70ml
└ 吉利丁　3g
特朗尼椰子糖漿　16ml
鮮奶　140ml
義式咖啡　25ml
餅乾＆冰淇淋　35g
杏仁瓦片酥　1片
薄荷葉　1片
椰絲　適量

●作法

1 在玻璃杯中，放入椰子糖漿、椰奶凍和適量的冰塊。
2 倒入鮮奶和義式咖啡。
3 放上餅乾和冰淇淋，最後裝飾上椰絲、杏仁瓦片酥和薄荷葉。

042 水嫩桃子冰沙

彩頁第38頁

●材料

特朗尼櫻桃糖漿　8ml
特朗尼桃子糖漿　16ml
白桃（罐頭）　20g
桃子汁　80ml
冰塊　120g
香草冰淇淋　35g
草莓果粒　6g
桃子果凍（2～3人份）　50g
┌ 特朗尼桃子糖漿　32ml
│ 水　80ml
└ 吉利丁　3g
薄荷葉　1片

●作法

1 在果汁機中，放入櫻桃糖漿、桃子糖漿、罐頭白桃、桃子汁和冰塊，攪打到變細滑為止。
2 在玻璃杯中放入香草冰淇淋，再倒入1。
3 撒上草莓果粒。
4 放上桃子果凍，裝飾上薄荷葉。

043 Happiness☆鳳梨蘇打

彩頁第39頁

●材料
特朗尼芒果糖漿　8ml
特朗尼鳳梨糖漿　8ml
鳳梨泥　45g
冷凍芒果塊　30g
蘇打水　120ml
葡萄柚冰沙　35g
食用花　1朵
薄荷葉　1片
西瓜果凍　5g
藍色覆盆子果凍　50g
（果凍的食譜）
┌ 糖漿各32ml（特朗尼西瓜糖漿和特朗尼覆盆子糖漿）
│ 水　80ml
└ 吉利丁　3g

●作法
1 在玻璃杯中，放入芒果糖漿、鳳梨糖漿、鳳梨泥和覆盆子果凍，加入適量的冰塊。
2 放入冷凍芒果塊，倒入蘇打水。
3 放上葡萄柚冰沙，上面再放上西瓜果凍。
4 最後裝飾上食用花和薄荷葉。

044 巴貝多櫻桃維他命蘇打

彩頁第39頁

●材料
特朗尼粉紅葡萄柚糖漿　24ml
橘子（罐頭）切1/2塊　4塊
椰果　4個
巴貝多櫻桃（Barbados）汁　100ml
蘇打水　60ml
葡萄柚冰沙　35g
蜂蜜　5g
薄荷葉　1片

●作法
1 在玻璃杯中，放入粉紅葡萄柚糖漿、罐頭橘子、椰果和適量冰塊。
2 倒入巴貝多櫻桃汁和蘇打水。
3 放上葡萄柚冰沙，上面淋上蜂蜜，再裝飾上薄荷葉。

045 和風梅子蘇打

彩頁第40頁

●材料
特朗尼萊姆糖漿　28ml
蜂蜜漬南高梅　1個
醋橘片　3片
（用適量的特朗尼蜂蜜香草糖漿醃漬）
蘇打水　170ml
薄荷葉　2～3片

●作法
1 在玻璃杯中，放入萊姆糖漿、南高梅、醋橘片和適量冰塊。
2 倒入蘇打水。
3 裝飾上薄荷葉。

046 粉紅島嶼

彩頁第40頁

●材料
特朗尼粉紅葡萄柚糖漿　24ml
粉紅葡萄柚冰沙　35g
┌ 特朗尼粉紅葡萄柚糖漿　24ml
│ 特朗尼覆盆子糖漿　8ml
│ 100％葡萄柚汁　60ml
└ （充分混合，放入冷凍庫冰凍）
蘇打水　80ml
通寧水（Tonic Water）　80ml
葡萄柚切塊（紅寶石品種）　2片
葡萄柚切月牙片　1/12片
薄荷葉　1片

●作法
1 在玻璃杯中，放入粉紅葡萄柚糖漿、葡萄柚塊和適量的冰塊。
2 倒入蘇打水和通寧水，放上粉紅葡萄柚冰沙。
3 最後裝飾上葡萄柚片和薄荷葉。

047 芒果酸奶昔

彩頁第41頁

●材料
特朗尼芒果糖漿　16ml
薑汁汽水　70ml
優格　40g
芒果塊　40g
薄荷葉　1片

●作法
1 在玻璃杯中，放入特朗尼芒果糖漿和適量的冰塊。
2 倒入薑汁汽水，放上優格。
3 最後裝飾上芒果塊和薄荷葉。

048　Fun! Fun! 蘇打

彩頁第41頁

●材料

特朗尼芒果糖漿　8ml

特朗尼奇異果糖漿　16ml

椰果　8個

（在下述4種糖漿中，各放入2個椰果醃漬上色）

- 特朗尼藍色覆盆子糖漿　8ml
- 特朗尼覆盆子糖漿　8ml
- 特朗尼奇異果糖漿　8ml
- 特朗尼芒果糖漿　8ml

蘇打水　165ml

芒果冰沙　35g

柳橙片　1片

薄荷葉　1片

●作法

1 在玻璃杯中，放入奇異果糖漿、芒果糖漿和適量的冰塊。

2 各放入2個4色椰果。

3 倒入蘇打水。

4 最後裝飾上芒果冰沙、柳橙片和薄荷葉。

049　活力水果凍

彩頁第42頁

●材料

特朗尼粉紅葡萄柚糖漿　24ml

奇異果果凍　20g

百香果果凍　20g

覆盆子果凍　20g

（果凍食譜4人份）

- 特朗尼糖漿　各45ml
- （奇異果、百香果、覆盆子）
- 水　70ml
- 吉利丁　3g

蘇打水　170ml

草莓　1個

柳橙　1/8個份

奇異果　1/4個份

黑櫻桃　2個

薄荷葉　1片

●作法

1 在玻璃杯中，放入粉紅葡萄柚糖漿、奇異果果凍、百香果果凍和覆盆子果凍。

2 先放入適量的冰塊，再放入草莓、柳橙、奇異果和黑櫻桃，倒入蘇打水。

3 最後裝飾上薄荷葉。

050　夏日遊行

彩頁第42頁

●材料

特朗尼西瓜糖漿　8ml

特朗尼番石榴糖漿　8ml

特朗尼芒果糖漿　10ml

伏特加酒　15ml

熱帶優格利口酒　15ml

100％鳳梨汁　30ml

100％葡萄柚汁　30ml

檸檬汁　5ml

碎冰　適量

●作法

1 在雪克杯中，放入西瓜糖漿、番石榴糖漿、芒果糖漿、伏特加酒，優格利口酒、鳳梨汁、葡萄柚汁和檸檬汁，搖晃混合。

2 在玻璃杯中，裝入適量的碎冰，再倒入1。

051　特朗尼熱帶凍飲

彩頁第43頁

●材料

伏特加酒　15ml

桃子利口酒　15ml

特朗尼百香果糖漿　8ml

特朗尼番石榴糖漿　8ml

特朗尼椰子糖漿　10ml

100％鳳梨汁　80ml

檸檬汁　5ml

碎冰　適量

●作法

1 在雪克杯中，倒入伏特加酒、桃子利口酒、百香果糖漿、番石榴糖漿、椰子糖漿、鳳梨汁和檸檬汁，搖晃混合。

2 在玻璃杯中裝入碎冰，再倒入1。

052　橙香芒果凍飲

彩頁第43頁

●材料

龍舌蘭酒　30ml

檸檬汁　5ml

特朗尼綜合芒果泥　10g

特朗尼血橙糖漿　8ml

100％柳橙汁　15ml

冰塊　160g

●作法

1 在果汁機中，放入龍舌蘭酒、檸檬汁、綜合芒果泥、血橙糖漿、柳橙汁和冰塊，攪打到變細滑為止。

2 將1倒入冰涼的玻璃杯中。

053 日落海濱

彩頁第43頁

●材料

特朗尼石榴糖漿　15ml
特朗尼桃子糖漿　8ml
特朗尼香蕉糖漿　8ml
龍舌蘭酒　30ml
君度酒（Cointreau）　15ml
100％柳橙汁　30ml
檸檬汁　10ml
碎冰　適量

●作法

1 在雪克杯中，放入桃子糖漿、香蕉糖漿、龍舌蘭酒、君度酒、
　柳橙汁和檸檬汁，搖晃混合。
2 在玻璃杯中倒入石榴糖漿，裝入碎冰，再倒入 **1**。

AUTUMN

秋季飲品

054 秋蜜紅薯拿鐵

彩頁第45頁

●材料

紅薯泥　50g
義式咖啡　25ml
鮮奶　160ml
特朗尼提拉米蘇糖漿　16ml
卡士達醬　10g
發泡鮮奶油　20g
糖煮紅薯　10g
芝麻杏仁瓦片酥　1片
薄荷葉　1片
黑蜜　適量

●作法

1 在果汁機中，放入紅薯泥、義式咖啡、鮮奶、提拉米蘇糖漿，
　攪拌均勻。
2 在玻璃杯中，放入適量的冰塊，再倒入 **1**。
3 混合卡士達醬和發泡鮮奶油，放在 **2** 的上面。
4 放上糖煮紅薯，淋上黑蜜。
5 最後裝飾上芝麻杏仁瓦片酥和薄荷葉。

055 梨香思慕昔

彩頁第45頁

●材料

梨片　3片
洋梨泥　80g
三溫糖　5g
特朗尼香草糖漿　12ml
裝飾用楓葉　1片
巧克力杏仁瓦片酥　1片
冰塊　140g
鮮奶　100ml
櫻桃　1顆

●作法

1 在果汁機中，放入洋梨泥、三溫糖、香草糖漿、冰塊和鮮奶，
　攪打到變細滑為止。
2 在玻璃杯中倒入 **1**，最後裝飾上梨片、楓葉、巧克力杏仁瓦片
　酥和櫻桃。

056 無花果洋梨蘇打

彩頁第46頁

●材料

特朗尼石榴糖漿　8ml

特朗尼番石榴糖漿　12ml

100％葡萄柚汁　40ml

蘇打水　180ml

無花果泥　60g（用適量的特朗尼石榴糖漿醃漬）

無花果片（1/6月牙片）　2片

洋梨片　3片

薄荷葉　1片

●作法

1 在玻璃杯中，放入石榴糖漿、番石榴糖漿和無花果泥混合。

2 放入適量的冰塊，依序慢慢倒入葡萄柚汁、蘇打水。

3 最後裝飾上無花果片、洋梨和薄荷葉。

057 綠茶思慕昔

彩頁第46頁

●材料

特朗尼凍飲基底糖漿（Torani creme frozen beverage base）　30g

特朗尼香草糖漿　8ml

抹茶粉　3g

冰塊　160g

鮮奶　180ml

栗子泥　25g

杏仁瓦片酥　1片

發泡鮮奶油　適量

栗子甘露煮　1個

薄荷葉　1片

●作法

1 在果汁機中，放入凍飲基底糖漿、香草糖漿、抹茶粉、冰塊、鮮奶和栗子泥，攪打到變細滑為止。

2 在玻璃杯中倒入1，裝飾上發泡鮮奶油、栗子甘露煮、杏仁瓦片酥和薄荷葉。

058 果香奶昔

彩頁第47頁

●材料

特朗尼粉紅葡萄柚糖漿　16ml

特朗尼香草糖漿　16ml

優格　60g

鮮奶油　30ml

鮮奶　100ml

蘋果切丁　40g

柳橙片　1/12個份

薄荷葉　1片

●作法

1 在雪克杯中，倒入粉紅葡萄柚糖漿、香草糖漿、鮮奶油和鮮奶，搖晃混合

2 在玻璃杯中，放入適量的冰塊，再倒入1。

3 放上優格，再裝飾上蘋果丁、柳橙和薄荷葉。

059 水果豆奶茶

彩頁第47頁

●材料

大衛里歐巨嘴鳥芒果茶（David rio toucan mango chai）　15g

特朗尼橘子糖漿　8ml

特朗尼桃子糖漿　8ml

豆奶　100ml

100％鳳梨汁　60ml

發泡鮮奶油　25g

芒果塊　2塊

香草冰淇淋　30g

芒果醬　適量

杏仁瓦片酥　1片

薄荷葉　1片

●作法

1 在雪克杯中，放入芒果茶、橘子糖漿、桃子糖漿、豆奶和鳳梨汁，搖晃混合。

2 在玻璃杯中，放入適量的冰塊，再倒入1。

3 擠上發泡鮮奶油，放上香草冰淇淋，上面再淋上芒果醬。

4 最後裝飾上芒果塊、杏仁瓦片酥和薄荷葉。

060 細綿綠茶思慕昔

彩頁第48頁

●材料

大衛里歐陸龜綠奶茶（David rio tortoise green tea chai）　45g

綠茶粉　2g

香草冰淇淋　30g

冰塊　8個

亞利桑那綠茶　180ml

奶泡　適量

特朗尼巧克力摩卡醬　適量

白玉　2個

發泡鮮奶油　適量

抹茶醬　35g

（特朗尼白巧克力摩卡醬33g和抹茶粉2g充分混合而成）

抹茶粉　少量

薄荷葉　1片

●作法

1 在果汁機中，放入綠奶茶、綠茶粉、香草冰淇淋、冰塊和亞利桑那綠茶，攪打到變細滑為止。

2 在玻璃杯底倒入抹茶醬，再倒入1。

3 上面放上奶泡和發泡鮮奶油。

4 發泡鮮奶油上再放上白玉，撒上抹茶粉。

5 奶泡上擠上巧克力摩卡醬，用小撥片等工具，在線上畫出花樣。

6 最後裝飾上薄荷葉。

061 玉米花鹹焦糖拿鐵

彩頁第48頁

●材料

特朗尼鹹焦糖糖漿　24ml

特朗尼焦糖醬　15g

紅薯泥　40g

鮮奶　120ml

冰塊　100g

義式咖啡　25ml

鮮奶油　30ml

發泡鮮奶油　25ml

特朗尼巧克力摩卡醬　3g

開心果碎粒　適量

焦糖爆玉米花　適量

巧克力杏仁瓦片酥　1片

薄荷葉　1片

〔裝飾用白雪〕

- 特朗尼鹹焦糖糖漿　適量

　鹽　1小撮

- 白砂糖　1g

●作法

1 在玻璃杯口塗上鹹焦糖糖漿，沾上鹽和白砂糖混合物，裝飾成白雪狀。

2 在果汁機中，放入鹹焦糖糖漿、焦糖醬、紅薯泥、鮮奶、冰塊和鮮奶油，攪打到變細滑為止。

3 在1中倒入2，從上面倒入義式咖啡。

4 擠上發泡鮮奶油，放上焦糖爆玉米花，淋上巧克力摩卡醬。

5 最後裝飾上巧克力杏仁瓦片酥、開心果碎粒和薄荷葉。

062 紅薯思慕昔

彩頁第49頁

●材料

紅薯泥　30g

特朗尼檸檬糖漿　12ml

杏仁瓦片酥　2片

鮮奶油　60ml

鮮奶　60ml

冰塊　80g

檸檬汁　2ml

格蘭諾拉穀物棒　10g

特朗尼焦糖醬　適量

紅豆　10g

黑糖　少量

發泡鮮奶油　25g

草莓　1個

特朗尼白巧克力摩卡醬　適量

薄荷葉　1片

●作法

1 在果汁機中，放入紅薯泥、檸檬糖漿、鮮奶油、鮮奶、冰塊和檸檬汁，攪打到變細滑為止。

2 在玻璃杯中，用巧克力摩卡醬擠上花樣，放入格蘭諾拉穀物棒，再倒入1。

3 放上發泡鮮奶油，上面放上草莓和紅豆，再淋上焦糖醬。

4 撒上黑糖，裝飾上杏仁瓦片酥、草莓和薄荷葉。

063 微苦栗子拿鐵

彩頁第50頁

●材料

特朗尼鹹焦糖糖漿　8ml

特朗尼香草糖漿　8ml

栗子泥　80g

香草冰淇淋　30g

鮮奶　150ml

冰塊　135g

栗子甘露煮（切粗粒）　20g

義式咖啡　25ml

發泡鮮奶油　30g

栗子澀皮煮　1/2個

核桃（烤過的）　2個

杏仁瓦片酥　1片

可可粉　適量

開心果碎粒　適量

薄荷葉　1片

●作法

1 在果汁機中，放入鹹焦糖糖漿、香草糖漿、栗子泥、香草冰淇淋、鮮奶和冰塊，攪打到變細滑為止。

2 在玻璃杯底，放入切粗粒栗子甘露煮，倒入義式咖啡。

3 在2中慢慢倒入1。

4 擠上發泡鮮奶油，裝飾上栗子澀皮煮、核桃、杏仁瓦片酥和開心果碎粒。

5 撒上可可粉，最後裝飾上薄荷葉。

064 杏仁布丁雪克

彩頁第51頁

●材料

焦糖醬　10g

特朗尼焦糖糖漿　4ml

特朗尼楓糖糖漿　4ml

卡士達醬　40g

香草冰淇淋　30g

特朗尼杏仁糖漿（Torani almond roca syrup）　4ml

特朗尼香草糖漿　12ml

鮮奶　150ml

冰塊　100g

發泡鮮奶油　30g

奇異果（切0.5cm小丁）　8g

黃桃（切0.5cm小丁）　10g

櫻桃　1個

薄荷葉　1片

杏仁片　適量

●作法

1 在果汁機中，放入焦糖糖漿、楓糖糖漿、卡士達醬、香草冰淇淋、鮮奶和冰塊，攪打到變細滑為止。

2 在玻璃杯中，用焦糖醬擠上花樣，放入杏仁糖漿和香草糖漿混合。

3 在2中倒入1。

4 擠上發泡鮮奶油。

5 最後裝飾上奇異果、黃桃、櫻桃、杏仁片和薄荷葉。

065 焦糖冰淇淋摩卡

彩頁第51頁

●材料

特朗尼焦糖醬　4g

特朗尼巧克力摩卡醬　4g

特朗尼香草糖漿　8ml

鮮奶　160ml

焦糖冰淇淋

┌ 香草冰淇淋　30g

└ 特朗尼焦糖醬　5g

義式咖啡　25ml

格蘭諾拉穀物棒　12g

發泡鮮奶油　25g

杏仁瓦片酥　1片

薄荷葉　1片

●作法

1 在玻璃杯中，用焦糖醬和巧克力摩卡醬擠上花樣，倒入香草糖漿。

2 放入適量的冰塊，依序倒入鮮奶、義式咖啡。

3 擠上發泡鮮奶油，放上焦糖冰淇淋。

4 最後裝飾上格蘭諾拉穀物棒、杏仁瓦片酥和薄荷葉。

066 蜂蜜南瓜思慕昔

彩頁第52頁

●材料

特朗尼蜂蜜香草糖漿　16ml

特朗尼烤棉花糖糖漿（Torani toasted marshmallow syrup）　8ml

南瓜泥　95g

冰塊　140g

鮮奶油　50ml

鮮奶　100ml

發泡鮮奶油　25g

巧克力杏仁瓦片酥　1片

南瓜籽　5粒

薄荷葉　1片

●作法

1 在果汁機中，放入蜂蜜香草糖漿、烤棉花糖糖漿、南瓜泥、冰塊、鮮奶油和鮮奶，攪打到變細滑為止。

2 在玻璃杯中倒入1，放上發泡鮮奶油，最後裝飾上巧克力杏仁瓦片酥、南瓜籽和薄荷葉。

067 南瓜和風拿鐵

彩頁第52頁

●材料

南瓜泥　20g

特朗尼白巧克力摩卡醬　10g

特朗尼杏仁糖漿　4ml

鮮奶　150ml

紅豆　6g

發泡鮮奶油　20g

黑芝麻　適量

紅薯　2片

薄荷葉　1片

●作法

1 在杯中放入南瓜泥、白巧克力摩卡醬和杏仁糖漿，充分混合。

2 鮮奶用蒸氣打發成奶泡，倒入1中，充分混合。

3 泥合紅豆和發泡鮮奶油，放在2上。

4 最後裝飾上黑芝麻、紅薯片和薄荷葉。

068 南瓜可可

彩頁第53頁

●材料

特朗尼鹹焦糖糖漿　8ml

特朗尼巧克力摩卡醬　15g

南瓜泥　25g

可可粉　10g

鮮奶油　45ml

鮮奶　90ml

杏仁瓦片酥　1片

發泡鮮奶油　20g

南瓜醬

┌ 南瓜泥　1g

└ 特朗尼白巧克力摩卡醬　1g

南瓜籽　5粒

糖粉　適量

特朗尼焦糖醬　適量

薄荷葉　1片

●作法
1 在奶罐中放入鹹焦糖糖漿、巧克力摩卡醬、南瓜泥和可可粉，充分混合。
2 在**1**中倒入鮮奶油和鮮奶，用蒸氣加熱至75～80℃。
3 在杯中倒入**2**，如加蓋般放上杏仁瓦片酥。
4 在杏仁瓦片酥上面，再裝飾發泡鮮奶油、南瓜醬、焦糖醬和南瓜籽。
5 撒上糖粉，再裝飾上薄荷葉。

069　紫紅薯阿法奇朵

彩頁第53頁

●材料
紫肉紅薯泥　40g
特朗尼烤棉花糖糖漿　4ml
特朗尼奶油酥餅糖漿　4ml
鮮奶　100ml
香草冰淇淋　60g
發泡鮮奶油　25g
肉桂粉　少量
肉桂棒　1根
帕梅善起司杏仁瓦片酥　1片
薄荷葉　1片

●作法
1 將鮮奶加熱至65～70℃。
2 將紅薯泥、烤棉花糖糖漿、奶油酥餅糖漿和**1**充分混合。
3 在玻璃杯中放入香草冰淇淋，倒入**2**。
4 放上發泡鮮奶油，撒上肉桂粉。
5 最後裝飾上肉桂棒、帕梅善起司杏仁瓦片酥和薄荷葉。

070　大理石栗子巧克力

彩頁第54頁

●材料
巧克力冰沙
┌ 特朗尼巧克力摩卡醬　15g
│ 特朗尼愛爾蘭奶酒糖漿　4ml
│ 可可粉　2g
└ 鮮奶　175ml
栗子發泡鮮奶油
┌ 栗子泥　15g
└ 發泡鮮奶油　20g
奶泡　適量
特朗尼巧克力摩卡醬　適量
栗子澀皮煮　1顆
開心果碎粒　1小撮
薄荷葉　1片

●作法
1 在雪克杯中，放入巧克力摩卡醬、愛爾蘭奶酒糖漿、可可粉、鮮奶和冰塊，搖晃混合。

071　栗子巧克力奇諾

彩頁第55頁

●材料
特朗尼愛爾蘭奶酒糖漿　8ml
特朗尼巧克力摩卡醬　8g
可可粉　3g
鮮奶　120ml
栗子發泡鮮奶油（1人份20g）
┌ 栗子鮮奶油　4g
└ 發泡鮮奶油（無糖）　16g
栗子澀皮煮　1個
開心果碎粒　適量
特朗尼巧克力摩卡醬（裝飾用）　適量
薄荷葉　1片

●作法
1 在杯中放入愛爾蘭奶酒糖漿、巧克力摩卡醬和可可粉，充分混合。
2 鮮奶用蒸氣打發成奶泡，倒入**1**中。
3 放上栗子發泡鮮奶油，在發泡鮮奶油的周圍，用巧克力醬如畫線般畫一圈（再用撥子等工具畫出花樣）。
4 在發泡鮮奶油上面，裝飾上栗子澀皮煮、開心果碎粒和薄荷葉。

2 在玻璃杯中放入適量的冰塊，再倒入**1**。
3 放上奶泡，正中央放上栗子發泡鮮奶油（栗子泥和發泡鮮奶油混合而成），裝飾上栗子澀皮煮。
4 在栗子發泡鮮奶油的周圍，用巧克力摩卡醬如畫線般畫一圈，再以撥子等工具畫出花樣。
5 最後裝飾上開心果碎粒和薄荷葉。

072　秋之阿法奇朵

彩頁第56頁

●材料
特朗尼蘋果糖漿　16ml
特朗尼巧克力米蘭糖漿　8ml
義式咖啡　25ml
香草冰淇淋　60g
發泡鮮奶油　25g
蘋果果醬　15g
葡萄乾　5g
蘋果（裝飾）　1/12個
裝飾用楓葉　1片

●作法
1 在玻璃杯中倒入蘋果糖漿、巧克力米蘭糖漿，放入香草冰淇淋。
2 如畫圈般倒入義式咖啡。
3 放上發泡鮮奶油，上面再放上蘋果果醬和葡萄乾。
4 最後放上裝飾用蘋果和楓葉。

073 柳橙巧克力阿法奇朵

彩頁第56頁

●材料
柳橙切圓片　1片
義式咖啡　25ml
特朗尼巧克力摩卡醬　適量
特朗尼橘子糖漿　8ml
特朗尼巧克力米蘭糖漿　8ml
巧克力杏仁瓦片酥　1片
糖漬橙皮乾　適量
薄荷葉　1片
銀糖珠　適量
加入糖漬橙皮乾的冰淇淋　70g
發泡鮮奶油　25g

●作法
1 在玻璃杯中，倒入巧克力摩卡醬和巧克力米蘭糖漿，混合均勻。
2 放入加了糖漬橙皮乾的冰淇淋。
3 萃取義式咖啡，和橘子糖漿混合，繞圈般淋在2的上面。
4 放上發泡鮮奶油，上面再放上糖漬橙皮乾和銀糖珠。
5 最後裝飾上巧克力杏仁瓦片酥、柳橙圓片和薄荷葉。

074 番茄巧克力

彩頁第57頁

●材料
特朗尼愛爾蘭奶酒糖漿　5ml
卡布慶巧克力粉（Cappuccine chocolate decadence）　15g
鮮奶　125ml
番茄濃汁　15g
┌ 番茄　1個
└ 特朗尼檸檬糖漿　40ml
白砂糖　30g
發泡鮮奶油　15g
馬司卡邦（mascarpone）起司　15g
迷你番茄　1個
（特朗尼覆盆子糖漿和特朗尼草莓糖漿以1：1的比例混合，以此糖漿醃漬迷你番茄。）
巧克力塊　15g
薄荷葉　1片

●作法
1 在杯中放入愛爾蘭奶酒糖漿、卡布慶巧克力粉和番茄濃汁，充分混合。
2 鮮奶用蒸氣打發成奶泡，倒入1中。
3 將發泡鮮奶油和馬司卡邦起司混合，放在2上。
4 最後裝飾上糖漬迷你番茄、巧克力塊和薄荷葉。

075 堅果抹茶拿鐵

彩頁第57頁

●材料
特朗尼榛果糖漿　4ml
特朗尼巧克力夏威夷豆糖漿　4ml
抹茶粉　1g
特朗尼白巧克力摩卡醬　5g
鮮奶　120ml
發泡鮮奶油　20g
裝飾用抹茶粉　適量
杏仁碎粒　適量
薄荷葉　1片

●作法
1 在杯中放入榛果糖漿、巧克力夏威夷豆糖漿、抹茶粉和白巧克力摩卡醬，充分混合。
2 鮮奶用蒸氣打發成奶泡，倒入1中。
3 放上發泡鮮奶油，撒上抹茶粉，最後裝飾上杏仁碎粒和薄荷葉。

076 綜合堅果拿鐵

彩頁第58頁

●材料
特朗尼榛果糖漿　4ml
特朗尼巧克力夏威夷豆糖漿　4ml
特朗尼杏仁糖漿　4ml
義式咖啡　25ml
特朗尼巧克力摩卡醬　適量
鮮奶　160ml
發泡鮮奶油　20g
開心果碎粒　2g
可可粉　適量
薄荷葉　1片

●作法
1 在杯中放入榛果糖漿、巧克力夏威夷豆糖漿、杏仁糖漿、巧克力摩卡醬，充分混合。
2 在1的杯中倒入萃取好的義式咖啡，混合。
3 鮮奶用蒸氣打發成奶泡，倒入2中。
4 撒上可可粉，用湯匙背將表面輕摩成一圈圈的花樣。
5 放上發泡鮮奶油，最後裝飾上開心果碎粒和薄荷葉。

077　糙米豆奶拿鐵

彩頁第59頁

●材料

義式咖啡　25ml

豆奶　120ml

糙米胚芽粉　15g

特朗尼白巧克力摩卡醬　10g

糙米爆米花　8g

（將適量水飴和糙米爆米花用平底鍋加熱，加入水飴拌勻，放入冰箱冷藏凝結。

發泡鮮奶油　20g

●作法

1　在杯中放入糙米胚芽粉和白巧克力摩卡醬，充分混合。

2　在**1**的杯中倒入萃取好的義式咖啡，混合。

3　豆奶用蒸氣打發成豆奶泡，倒入**2**中。

4　放上發泡鮮奶油和糙米爆米花。

078　黑芝麻摩卡奇諾

彩頁第59頁

●材料

特朗尼香蕉糖漿　8ml

特朗尼烤棉花糖糖漿　少量

黑芝麻醬　10g

義式咖啡　25ml

鮮奶　180ml

發泡鮮奶油　15g

黑芝麻　1g

棉花糖　2個

覆盆子醬

 ┌ 特朗尼白巧克力摩卡醬　3g

 └ 特朗尼覆盆子糖漿　3ml

特朗尼巧克力摩卡醬　3g

薄荷葉　1片

●作法

1　在杯中放入香蕉糖漿和黑芝麻醬，充分混合。

2　在**1**的杯中倒入萃取好的義式咖啡，混合。

3　鮮奶用蒸氣打發成奶泡，倒入**2**中。

4　放上發泡鮮奶油。

5　用覆盆子糖漿和巧克力摩卡醬，在發泡鮮奶油的周圍畫線一圈，用撥子等工具畫出花樣。

6　在棉花糖上淋上烤棉花糖糖漿，撒上黑芝麻。

7　在發泡鮮奶油上面，裝飾上**6**和薄荷葉。

079　香料皇家奶茶

彩頁第60頁

●材料

特朗尼肉桂糖漿　8ml

特朗尼奶茶香料糖漿　8ml

紅茶　65ml

大衛里歐老虎香料茶（David rio tiger spice chai）　10g

鮮奶　50ml

發泡鮮奶油　20g

肉桂粉　適量

肉桂棒　1根

●作法

1　在杯中放入肉桂糖漿、奶茶香料糖漿、香料茶，充分混合。

2　在**1**中倒入紅茶（熱），混合。

3　鮮奶用蒸氣打發成奶泡，倒入**2**中充分混合。

4　放上發泡鮮奶油，撒上肉桂粉，最後裝飾上肉桂棒。

080　雪克咖啡

彩頁第61頁

●材料

特朗尼蜂蜜香草糖漿　4ml

特朗尼覆盆子糖漿　4ml

義式咖啡　60ml

奶泡　適量

發泡鮮奶油　20g

可可粉　適量

砂糖　4g

巧克力棒　1條

●作法

1　在雪克杯中放入蜂蜜香草糖漿、覆盆子糖漿、義式咖啡、砂糖和適量的冰塊，搖晃混合。

2　在玻璃杯中擠入發泡鮮奶油，倒入**1**，再放上奶泡。

3　撒上可可粉，裝飾上巧克力棒。

WINTER

冬季飲品

081 蘋果肉桂奶茶

彩頁第63頁

●材料

大衛里歐老虎香料茶　15g

特朗尼蘋果糖漿　8ml

特朗尼肉桂糖漿　4ml

鮮奶　125ml

杏仁瓦片酥　1片

蜜漬蘋果（1人份）　12g

  ┌ 蘋果　1個

  │ 蜂蜜　100g

  └ 檸檬汁　20ml

發泡鮮奶油　10g

肉桂粉　少量

薄荷葉　1片

●作法

1 在杯中放入蘋果糖漿、肉桂糖漿、香料茶，充分混合。

2 鮮奶用蒸氣打發成奶泡，一面倒入 1 中，一面充分混合。

3 在杯中如加蓋般蓋上杏仁瓦片酥。

4 放上發泡鮮奶油、蜜漬蘋果，撒上肉桂粉，再裝飾上薄荷葉。

082 Winter水果★綜合果汁

彩頁第63頁

●材料

特朗尼石榴糖漿　8ml

特朗尼香蕉糖漿　4ml

香蕉　1/2根

鮮奶　100ml

冷凍覆盆子　50g

冷凍藍莓　60g

優格凍（2人份）　1人份　60g

  ┌ 優格　120ml

  └ 吉利丁　3g

柿子切瓣　1/4

紫紅薯片　2片

草莓　1個

薄荷葉　1片

●作法

1 在果汁機中放入香蕉糖漿、香蕉、冷凍覆盆子、冷凍藍莓、柿子和鮮奶，攪拌均勻。

2 在玻璃杯中，放入石榴糖漿和適量的冰塊，再倒入 1。

3 在優格凍上，裝飾上草莓、紫地瓜和薄荷葉。

083 櫻桃果凍金橘蘇打

彩頁第64頁

●材料

櫻桃果凍（4人份）　1人份　20g

  ┌ 特朗尼櫻桃糖漿　32ml

  │ 水　80ml

  └ 吉利丁　3g

特朗尼萊姆糖漿　24ml

金橘　1個

（切片後剔除種子，以適量的蜂蜜醃漬）

奇異果　1/4個

100%葡萄柚汁　45ml

蘇打水　120ml

薄荷葉　1片

●作法

1 在玻璃杯中放入萊姆糖漿、櫻桃果凍和適量的冰塊。

2 放入金橘片、奇異果，依序慢慢倒入葡萄柚汁和蘇打水。

3 裝飾上薄荷葉。

084 新鮮柚子薑汁冰沙

彩頁第64頁

●材料

特朗尼芒果糖漿　16ml

特朗尼百香果糖漿　8ml

柚子（片）　3片

臭橙（片；Citrus sphaerocarpa hort. ex Tanaka）　3片

（用2g生薑和20g蜂蜜醃漬柚子和臭橙片）

蘇打水　170ml

柚子冰沙　35g

薄荷葉　1片

●作法

1 在玻璃杯中倒入芒果糖漿、百香果糖漿，加入適量的冰塊。

2 將醃漬好的柚子和臭橙片，連同生薑和蜂蜜一起放入 1 中。

3 倒入蘇打水。

4 最後裝飾上柚子冰沙和薄荷葉。

085　雪人阿法奇朵

彩頁第65頁

●材料
特朗尼巧克力摩卡醬　10g
特朗尼榛果糖漿　8ml
特朗尼提拉米蘇糖漿　8ml
香草冰淇淋（2球）　60g
義式咖啡　50ml
特朗尼綜合莓果醬　5g
發泡鮮奶油　30g
可可粉　適量
杏仁瓦片酥　1片
薄荷葉　1片

●作法
1　在玻璃杯中倒入巧克力摩卡醬、榛果糖漿和提拉米蘇糖漿，充
　　分混合。
2　如雪人般重疊放入2球香草冰淇淋。
3　倒入義式咖啡。
4　擠上發泡鮮奶油，淋上綜合莓果醬，撒上可可粉。
5　最後裝飾上杏仁瓦片酥和薄荷葉。

086　融化雪人摩卡

彩頁第65頁

●材料
特朗尼蜂蜜香草糖漿　8ml
特朗尼奶茶香料糖漿　8ml
大衛里歐老虎香料茶　10g
特朗尼巧克力摩卡醬　10g
香草冰淇淋　35g
鮮奶　100ml
杏仁片　適量
奶泡　適量
開心果碎粒　適量
薄荷葉　1片

●作法
1　在玻璃杯中，倒入蜂蜜香草糖漿、奶茶香料糖漿和巧克力摩卡
　　醬混合。
2　放入香草冰淇淋和杏仁片。
3　鮮奶用蒸氣打發成奶泡，將香料茶和奶泡的液體部分充分混
　　合，再倒入2中。
4　放上奶泡的泡沫部分。
5　最後裝飾上開心果碎粒和薄荷葉。

087　棉花糖香蕉奇諾

彩頁第66頁

●材料
特朗尼烤棉花糖糖漿　12ml
特朗尼香蕉糖漿　4ml
義式咖啡　25ml
鮮奶　160ml
發泡鮮奶油　20g
棉花糖　2個
香蕉片　2片
特朗尼巧克力摩卡醬　適量
薄荷葉　1片

●作法
1　在杯中倒入棉花糖糖漿和香蕉糖漿，再倒入萃取出的義式咖
　　啡。
2　鮮奶用蒸氣打發成奶泡，倒入1中。
3　放上發泡鮮奶油，上面再放上棉花糖和香蕉片，淋上巧克力摩
　　卡醬。
4　最後裝飾上薄荷葉。

088　烤棉花糖奶茶

彩頁第67頁

●材料
特朗尼烤棉花糖糖漿　8ml
紅茶　65ml
鮮奶　65ml
發泡鮮奶油　20g
碎貓舌餅（langue de chat）　適量
烤棉花糖　2個
薄荷葉　1片

●作法
1　在杯中放入烤棉花糖糖漿，倒入紅茶（熱）。
2　鮮奶用蒸氣打發成奶泡，倒入1中。
3　放上發泡鮮奶油，放上棉花糖。
4　用瓦斯槍略烤棉花糖。
5　最後裝飾上碎貓舌餅和薄荷葉。

089 橙香巧克力摩卡

彩頁第68頁

●材料

特朗尼奶茶香料糖漿　4ml

特朗尼橘子糖漿　12ml

特朗尼巧克力摩卡醬　15g

鮮奶　160ml

柳橙切圓片再對切　2片（在平底鍋中，用適量的橘子糖漿和5ml
檸檬汁，煎柳橙片直到變軟為止）

黑胡椒　少量

發泡鮮奶油　適量

薄荷葉　1片

〔裝飾用白雪〕

┌ 特朗尼橘子糖漿　少量

│ 咖啡粉　適量

└ 白砂糖　適量

●作法

1 在杯口上，塗上橘子糖漿，再沾上咖啡粉和白砂糖的混合物，
　裝飾成白雪狀。

2 在1中倒入奶茶香料糖漿、橘子糖漿和巧克力摩卡醬，混合。

3 鮮奶用蒸氣打發成奶泡，倒入2中。

4 放上發泡鮮奶油，上面再放上柳橙圓片。

5 最後裝飾上黑胡椒和薄荷葉。

090 蜂蜜焦糖茶

彩頁第69頁

●材料

卡布慶焦糖糖漿風味粉　10g

特朗尼肉桂糖漿　8ml

紅茶　65ml

蜂蜜　3g

鮮奶　65ml

發泡鮮奶油　20g

開心果碎粒　少量

粉紅胡椒　少量

薄荷葉　1片

〔裝飾用白雪〕

┌ 咖啡粉　適量

│ 白砂糖　適量

└ 特朗尼焦糖糖漿　適量

●作法

1 在杯口塗上焦糖糖漿，沾上咖啡粉和白砂糖的混合物，裝飾成
　白雪狀。

2 在1中倒入卡布慶焦糖糖漿風味粉和肉桂糖漿，充分混合。

3 倒入紅茶（熱）混合。

4 鮮奶用蒸氣打發成奶泡，倒入3中。

5 放入發泡鮮奶油，淋上蜂蜜，再裝飾上開心果碎粒、粉紅胡椒
　和薄荷。

091 覆盆子咖啡巧克力

彩頁第70頁

●材料

卡布慶巧克力粉　15g

特朗尼覆盆子糖漿　8ml

鮮奶　150ml

義式咖啡　25ml

發泡鮮奶油　20g

切碎的苦巧克力　5g

糖粉　適量

可可粉　適量

薄荷葉　1片

●作法

1 在杯中放入卡布慶巧克力粉、4ml覆盆子糖漿，和萃取出的義
　式咖啡，充分混合。

2 鮮奶用蒸氣打發成奶泡，倒入1中。

3 撒上可可粉，用湯匙背在表面如畫圈般輕摩。

4 放上發泡鮮奶油，淋上4ml覆盆子糖漿。

5 裝飾上切碎的苦巧克力和薄荷葉。

6 最後撒上糖粉。

092 雪降草莓巧克力

彩頁第70頁

●材料

特朗尼白巧克力摩卡醬　15g

特朗尼愛爾蘭奶酒糖漿　8ml

特朗尼蔓越莓糖漿（Torani huckleberry syrup）　8ml

義式咖啡　25ml

奶泡　100ml

發泡鮮奶油　15g

酥片（白巧克力裝飾）　15g

特朗尼綜合草莓泥　15g

糖粉　適量

薄荷葉　1片

●作法

1 在杯中放入白巧克力摩卡醬、愛爾蘭奶酒糖漿、蔓越莓糖漿加
　以混合。

2 在1中放入萃取好的義式咖啡，混合。

3 鮮奶用蒸氣打發成奶泡，倒入2中。

4 放上發泡鮮奶油，淋上綜合草莓泥。

5 最後裝飾上酥片、薄荷葉。

6 撒上糖粉。

093　草莓紅豆拿鐵

彩頁第71頁

●材料

特朗尼拿鐵綜合冰咖啡（Torani latte frozen coffee blend）　7g

紅豆　20g

義式咖啡（1小杯）　25ml

鮮奶（厚奶泡）　160ml

發泡鮮奶油　20g

草莓　1個

白玉　3個

杏仁瓦片酥　1片

糖粉　適量

薄荷葉　1片

●作法

1 在杯中放入拿鐵冷凍綜合冰咖啡，倒入萃取好的義式咖啡。

2 鮮奶用蒸氣打發成奶泡，倒入 **1** 中。

3 在杯子上如覆蓋般平放上杏仁瓦片酥。

4 再裝飾上發泡鮮奶油、紅豆、白玉和草莓。

5 撒上糖粉，裝飾上薄荷葉。

094　抹茶薄荷拿鐵

彩頁第71頁

●材料

特朗尼巧克力薄荷糖漿　20ml

抹茶粉　1g

發泡鮮奶油　20g

鮮奶　120ml

薄荷葉　1片

●作法

1 在杯中放入16ml巧克力薄荷糖漿和抹茶粉，充分混合。

2 鮮奶用蒸氣打發成奶泡，倒入 **1** 中。

3 放上發泡鮮奶油，從上面再淋上4ml巧克力薄荷糖漿。

4 裝飾上薄荷葉。

095　香蕉豆粉拿鐵

彩頁第72頁

●材料

特朗尼香草糖漿　8ml

黃豆粉　4g

義式咖啡　25ml

鮮奶　160ml

杏仁瓦片酥　1片

香蕉片　2片

發泡鮮奶油　20g

紅豆　5g

特朗尼巧克力摩卡醬　適量

薄荷葉　1片

●作法

1 在杯中放入香草糖漿和黃豆粉，充分混合。

2 在 **1** 中倒入萃取好的義式咖啡，混合。

3 鮮奶用蒸氣打發成奶泡，倒入 **2** 中。

4 在杯子上如覆蓋般平放上杏仁瓦片酥，再放上發泡鮮奶油和紅豆。

5 最後裝飾上香蕉片、巧克力摩卡醬和薄荷葉。

096　黑蜜抹茶拿鐵

彩頁第72頁

●材料

特朗尼提拉米蘇糖漿　8ml

特朗尼巧克力摩卡醬　5g

發泡鮮奶油　35g

義式咖啡　25ml

鮮奶　160ml

覆盆子　2個

黑蜜　適量

抹茶粉　適量

糖粉　適量

巧克力杏仁瓦片酥　適量

薄荷葉　1片

●作法

1 在杯中倒入提拉米蘇糖漿和巧克力摩卡醬，倒入萃取好的義式咖啡，充分混合。

2 鮮奶用蒸氣打發成奶泡，倒入 **1** 中。

3 放上發泡鮮奶油，上面放上覆盆子，再淋上黑蜜。

4 撒上抹茶粉和糖粉，最後裝飾上巧克力杏仁瓦片酥和薄荷葉。

097　白煎茶拿鐵

彩頁第73頁

●材料

特朗尼白巧克力摩卡醬　20g

煎茶茶葉　6g

熱水　60ml

鮮奶　100ml

杏仁瓦片酥　1片

棉花糖　2個

發泡鮮奶油　15g

黃豆粉　適量

黑糖糖漿　適量

薄荷葉　1片

●作法

1 在煎茶茶葉中倒入熱水，燜3分鐘。

2 在杯中放入白巧克力摩卡醬，一面用茶篩過濾 **1** 到杯子裡，注意避免掉入茶葉，一面充分混合。

3 鮮奶用蒸氣打發成奶泡，一面倒入 **2** 中，一面充分混合。

4 在杯子上如覆蓋般平放上杏仁瓦片酥。

5 放上發泡鮮奶油和棉花糖，淋上黑糖糖漿。

6 撒上黃豆粉，裝飾上薄荷葉。

4 擠上發泡鮮奶油，放上香草冰淇淋，擠上1g的抹茶粉。

5 最後裝飾上黑豆、芝麻杏仁瓦片酥和薄荷。

098 白玉焦糖奶茶

彩頁第74頁

●材料

特朗尼奶茶香料糖漿　16ml

大衛里歐大象香草茶　10g

紅茶　65ml

栗子澀皮煮切半　2個

鮮奶　50ml

奶泡　適量

白砂糖　適量

可可粉　適量

白玉　2個

薄荷葉　1片

●作法

1 在杯中放入奶茶香料糖漿、香草茶，充分混合。

2 倒入紅茶（熱）混合。

3 將白玉和栗子澀皮煮放入**2**中。

4 鮮奶用蒸氣打發成奶泡，倒入**3**中。

5 杯上放滿奶泡。

6 在**5**的表面撒上白砂糖，用瓦斯槍燒烤變得焦黃。

7 撒上可可粉，最後裝飾上薄荷葉。

099 黑豆巧克力綠奶茶

彩頁第75頁

●材料

特朗尼巧克力夏威夷豆糖漿　8ml

大衛里歐陸龜綠奶茶　15g

特朗尼巧克力摩卡醬　5g

蜜煮黑豆　3～4粒

黑豆奶凍（4人份）　1人份　20g

┌ 鮮奶　95ml

│ 吉利丁　3g

└ 蜜煮黑豆　20g

抹茶粉　2g

發泡鮮奶油　25g

芝麻杏仁瓦片酥　1片

香草冰淇淋　35g

鮮奶　160ml

薄荷葉　1片

●作法

1 在雪克杯中，放入巧克力夏威夷豆糖漿、綠奶茶、1g的抹茶粉和鮮奶，搖晃混合。

2 在玻璃杯中，用巧克力摩卡醬擠出花樣，放入黑豆奶凍和適量的冰塊。

3 在**2**中倒入**1**。

100 蔬菜凍飲

彩頁第75頁

●材料

特朗尼蜂蜜香草糖漿　16ml

蘋果　1/4個

奇異果　1/2個

青江菜　25g

鮮奶　180ml

優格　25g

紅薯片　2片

蘋果片　1片

薄荷葉　1片

●作法

1 在果汁機中，放入蜂蜜香草糖漿、蘋果、奇異果、青江菜和鮮奶，攪打均勻。

2 在玻璃杯中放入適量的冰塊，再倒入**1**。

3 放上優格，裝飾上紅薯片、蘋果片和薄荷葉。

101 抹茶奶油乳酪拿鐵

彩頁第76頁

●材料

特朗尼烤棉花糖糖漿　8ml

特朗尼鹹焦糖糖漿　8ml

抹茶奶茶粉　23g

抹茶粉　3g

鮮奶油　30ml

鮮奶　100ml

奶油乳酪　90g

冰塊　60g

草莓　1個

紅豆　25g

發泡鮮奶油　25g

巧克力杏仁瓦片酥　1片

薄荷葉　1片

●作法

1 在果汁機中，放入烤棉花糖糖漿、鹹焦糖糖漿、抹茶奶茶粉、抹茶粉、鮮奶油、鮮奶和奶油乳酪，攪打均勻。

2 在玻璃杯中放入適量的冰塊，再倒入**1**。

3 擠上發泡鮮奶油，再裝飾上紅豆、草莓、巧克力杏仁瓦片酥和薄荷葉。

102 巧克力餅乾起司咖啡

彩頁第76頁

●材料

特朗尼拿鐵綜合冰咖啡　30g

鮮奶　180ml

冰塊　160g

巧克力杏仁瓦片酥　1片

OREO餅乾　2個

特朗尼巧克力摩卡醬　適量

發泡鮮奶油　20g

奶油乳酪　10g

可可粉　適量

薄荷葉　1片

●作法

1 在果汁機中，放入拿鐵綜合冰咖啡、鮮奶、冰塊和OREO餅乾，攪打均勻。

2 在玻璃杯中，用巧克力摩卡醬塗上花樣，再倒入**1**。

3 發泡鮮奶油和奶油乳酪混合成起司鮮奶油，放在**2**上。

4 撒上可可粉，裝飾上巧克力杏仁瓦片酥和薄荷葉。

103 情人起司咖啡

彩頁第77頁

●材料

特朗尼巧克力米蘭糖漿　4ml

特朗尼起司蛋糕糖漿　8ml

特朗尼草莓糖漿　4ml

特朗尼檸檬糖漿　2ml

義式咖啡　25ml

鮮奶　125ml

鮮奶油　12.5g

帕梅善起司　2g

杏仁瓦片酥　1片

糖粉　1g

發泡鮮奶油　8g

馬司卡邦起司　8g

特朗尼綜合草莓泥　4g

巧克力錠　1g

馬卡龍　1個

薄荷葉　1片

●作法

1 在杯中放入巧克力米蘭糖漿、起司蛋糕糖漿、草莓糖漿和檸檬糖漿，再放入萃取好的義式咖啡。

2 在奶罐中放入鮮奶、鮮奶油和帕梅善起司，混合後用蒸氣打發成奶泡，再倒入**1**中。

3 在杯子上如覆蓋般平放上杏仁瓦片酥，擠上奶泡鮮奶油和馬司卡邦起司混合成鮮奶油。

4 在**3**的鮮奶油中，淋上綜合草莓泥，最後裝飾上巧克力、馬卡龍和薄荷葉。

5 在杏仁瓦片酥的邊端，放上裁成心形的紙，從上面撒上糖粉。

6 最後拿掉心形紙型即完成。

104 融化巧克力

彩頁第77頁

●材料

特朗尼鹹焦糖糖漿　8ml

卡布慶巧克力粉　25g

可可粉（粉末狀）　15g

紅薯泥　20g

卡士達醬　30g

鮮奶　150ml

發泡鮮奶油　25g

香草冰淇淋　35g

酥片（白巧克力裝飾）　5g

巧克力杏仁瓦片酥　5片

薄荷葉　1片

●作法

1 在果汁機中，放入鹹焦糖糖漿、卡布慶巧克力粉、可可粉、紅薯泥、卡士達醬和鮮奶，攪打均勻。

2 在玻璃杯中放入適量的冰塊，再倒入**1**。

3 擠上發泡鮮奶油，再放上香草冰淇淋。

4 最後裝飾上巧克力瓦片酥碎片、酥片和薄荷葉。

105 杏桃白巧克力

彩頁第78頁

●材料

特朗尼白巧克力摩卡醬　10g

杏桃果醬　15g

杏桃（罐頭）　15g

白豆沙　8g

發泡鮮奶油　20g

鮮奶　160ml

糖粉　適量

薄荷葉　1片

●作法

1 在杯中放入白巧克力摩卡醬、杏桃果醬和白豆沙，充分混合。

2 鮮奶用蒸氣打發成奶泡，一面混合，一面倒入**1**中。

3 放上發泡鮮奶油，再裝飾上罐頭杏桃、糖粉和薄荷葉。

106 薑汁堅果酥可可

彩頁第78頁

●材料

特朗尼橘子糖漿　4ml

特朗尼巧克力摩卡醬　10g

生薑泥　1g

鮮奶　120ml

可可粉　適量

發泡鮮奶油　20g

巧克力堅果酥　10g

薄荷葉　1片

●作法

1 在杯中放入橘子糖漿、巧克力摩卡醬和生薑泥，充分混合。

2 鮮奶用蒸氣打發成奶泡，一面倒入 **1** 中，一面混合。

3 放上發泡鮮奶油，撒上可可粉。

4 最後裝飾上巧克力堅果酥和薄荷葉。

107 血橙咖啡

彩頁第79頁

●材料

特朗尼血橙糖漿　12ml

特朗尼巧克力摩卡醬　6g

100％柳橙汁　30ml

發泡鮮奶油　20g

義式咖啡　25ml

糖漬橙皮乾　1個

巧克力　適量

●作法

1 在玻璃杯中，放入血橙糖漿和巧克力摩卡醬。

2 倒入義式咖啡和柳橙汁。

3 擠上發泡鮮奶油。

4 裝飾上沾裹巧克力的糖漬橙皮乾。

108 紅色聖誕節

彩頁第80頁

●材料

特朗尼蔓越莓糖漿糖漿　2ml

特朗尼覆盆子糖漿　2ml

特朗尼櫻桃糖漿　2ml

100％蔓越莓汁　30ml

香檳酒　60ml

草莓　1個

●作法

1 在玻璃杯中，倒入蔓越莓糖漿、覆盆子糖漿和櫻桃糖漿。

2 再倒入蔓越莓汁。

3 倒入香檳，輕輕攪拌混勻。

4 最後裝飾上草莓。

109 藍雪

彩頁第80頁

●材料

特朗尼藍色覆盆子糖漿　15ml

檸檬汁　15ml

100％鳳梨汁　30ml

100％葡萄柚汁　90ml

熱帶優格利口酒　30ml

碎冰　適量

覆盆子　2顆

薄荷葉　1片

●作法

1 在雪克杯中，倒入藍色覆盆子糖漿、檸檬汁、鳳梨汁和葡萄柚汁，搖晃混合。

2 在玻璃杯中放入碎冰，再倒入 **1**。

3 從上面淋上優格利口酒。

4 最後裝飾上覆盆子和薄荷葉。

TITLE

Shakers Café 四季特調飲品

STAFF

出版	瑞昇文化事業股份有限公司
編著	東洋ベバレッジ株式会社
譯者	沙子芳
總編輯	郭湘齡
責任編輯	林修敏
文字編輯	王瓊苹　黃雅琳
美術編輯	李宜靜
排版	二次方數位設計
製版	明宏彩色照相製版股份有限公司
印刷	桂林彩色印刷股份有限公司
法律顧問	經兆國際法律事務所　黃沛聲律師
戶名	瑞昇文化事業股份有限公司
劃撥帳號	19598343
地址	新北市中和區景平路464巷2弄1-4號
電話	(02)2945-3191
傳真	(02)2945-3190
網址	www.rising-books.com.tw
Mail	resing@ms34.hinet.net
本版日期	2015年10月
定價	350元

ORIGINAL JAPANESE EDITION STAFF

東洋ベバレッジ株式会社
〒583-0852　大阪府羽曳野市古市1539
TEL　072-957-1500　FAX　072-956-8100
東洋ベバレッジHP
http://www.toyobeverage.com

ドリンク制作・レシピ	下村奈央（東洋ベバレッジ）
カラー解説	シェーファー佐幸（東洋ベバレッジ）
写真撮影	小林恵子（東洋ベバレッジ）
	後藤弘行（旭屋出版）
	東谷幸一
デザイン	スタジオフリーウェイ・冨川幸雄
進行	井上久尚・大石 勲（旭屋出版）

國家圖書館出版品預行編目資料

Shakers Cafe四季特調飲品／東洋ベバレッジ
株式会社編著；沙子芳譯. -- 初版. -- 新北市：
瑞昇文化，2012.07
112面；21x29公分

ISBN 978-986-5957-12-4(平裝)

1.飲料

427.46　　　　　　　　　　101011870